电子信息类"十三五"规划教材

实用办公软件

(第二版)

主　编　冯寿鹏　袁春霞

副主编　马建锋　孙燕明

U0377986

西安电子科技大学出版社

内 容 简 介

本书以培养学生信息素养为目标，以职业技术教育对计算机应用能力需求为核心，以"理论与实践并重，应试与技能兼顾"为原则，从实用、易用的角度出发，按照"模块化、任务式"形式组织内容，主要包括文字处理、数据处理和多媒体课件制作三大模块。本书图文并茂、通俗易懂、实践性强，通过实际训练，在熟练掌握办公软件的基础上，可使学生的计算机应用能力与信息素养得到全面培养和提高。

本书不仅可作为大专院校和职业技术院校学生的计算机基础教材，也可供广大计算机爱好者自学使用。

本书资源获取方式：① 点击链接 https://pan.baidu.com/s/IQCWml_ VDlPs6JaoMZIOZUQ，提取码为 etb4；② 发送邮件至 sun_41@163.com 咨询本书相关问题或索取相关资源。

图书在版编目(CIP)数据

实用办公软件 / 冯寿鹏，袁春霞主编. —2 版. —西安：西安电子科技大学出版社，2019.7
ISBN 978–7–5606–5315–0

Ⅰ. ① 实… Ⅱ. ① 冯… ② 袁… Ⅲ. ① 办公自动化—应用软件—职业教育—教材
Ⅳ. ① TP317.1

中国版本图书馆 CIP 数据核字(2019)第 093291 号

策划编辑　成　毅
责任编辑　唐诗佳　成　毅
出版发行　西安电子科技大学出版社(西安市太白南路 2 号)
电　　话　(029)88242885　88201467　　邮　　编　710071
网　　址　www.xduph.com　　　　　　电子信箱　xdupfxb001@163.com
经　　销　新华书店
印刷单位　陕西天意印务有限责任公司
版　　次　2019 年 7 月第 2 版　　2019 年 7 月第 2 次印刷
开　　本　787 毫米×1092 毫米　　1/16　印张　17
字　　数　405 千字
印　　数　3001～6000 册
定　　价　39.00 元

ISBN 978 – 7 – 5606 – 5315 – 0/TP

XDUP 5617002-2

＊＊＊ 如有印装问题可调换 ＊＊＊

前　言

伴随着人类迈入信息化时代，计算机技术以各种形式出现在社会生产、生活的各个领域，成为人们在经济活动、社会交往和日常生活中不可缺少的工具。高等院校的计算机基础教育不仅仅要启发学生对先进科学技术的追求，激发学生的创新意识，提高学生的综合素质，更重要的是培养学生学习新知识的主动性和积极性，以及运用计算机知识处理现实问题的思维能力。

本书根据教育部高等院校非计算机专业计算机基础教学指导委员会提出的"大学计算机基础教学基本要求"，结合职业技术教育对计算机应用能力的需要和多年来的教学实践编写而成。全书以"理论与实践并重，应试与技能兼顾"为原则，从实用、易用的角度出发，改变传统以知识点为主线的教学模式，按照"模块、任务"的形式组织教学内容。本书主要包括文字处理、数据处理和多媒体课件制作三大模块，每个任务基本采用【学习目标】→【相关知识】→【任务说明】→【任务实施】→【课堂练习】的结构进行叙述。全书思路清晰、层次清楚、选材新颖、图文并茂、通俗易懂、实用性强。

本书的第一版经过多年的教学应用，得到了参与高职教育的教师和学生的一致好评，但鉴于办公软件版本的持续更新和个别任务不能满足教学需要的现状，编者利用将近 6 个月的时间对第一版进行了升级和完善，主要体现在：一是将原使用软件版本从 Microsoft Office 2003 升级为 Microsoft Office 2010；二是对原书中的模块任务进行了优化完善，增强了实用性和适用性。

参与本书编写的都是长期工作在计算机教学科研一线的计算机专业教师，具有丰富的教学经验。本书由冯寿鹏、袁春霞担任主编，马建锋和孙燕明担任副主编。本书模块一由袁春霞编写，模块二由冯寿鹏编写，模块三由马建锋、孙燕明共同编写，魏强、李志远、郑寇全、惠军华、刘明星、李忍东等参与了部分内容的编写和校对工作。冯寿鹏对全书内容进行了统稿。

本书在编写过程中得到了国防科技大学信息通信学院军事信息服务运用教研室全体同仁的支持和帮助，在此表示由衷的感谢。

限于作者水平，书中难免有不足之处，恳请广大读者批评指正。

编　者

2019 年 3 月

目　　录

模块一　文字处理技术

在日常工作中，我们经常需要用计算机处理文字信息，如撰写通知、编辑文稿、编排论文等。要解决这类问题，目前最常用的就是 Word 文字处理软件。Word 是微软公司的Office 系列办公组件之一，它不仅能进行常规的文字编辑并编排出各式公文，而且能编排出图文混排的精美文档，能方便地设计出各类表格。

任务一　初识文字处理软件

【学习目标】

(1) 了解文字处理软件。

(2) 熟悉 Word 2010 的工作界面。

(3) 掌握 Word 2010 的启动、退出以及新建、保存、打开、关闭 Word 文档等基本操作方法。

【任务说明】

在正式学习文档编辑、排版等操作之前，需要了解文字处理软件的一些知识，了解Microsoft Word 的主要功能，并熟悉 Word 2010 的基本界面，掌握其基本操作方法，为后面的文档编辑等复杂操作打好基础。

【任务实施】

一、文字处理软件

文字处理软件属于办公软件之一，是主要用于对文字进行录入、编辑和排版的软件，其中较专业的文字处理软件也可以进行表格制作和简单的图像处理。文字处理的电子化和文字处理软件的发展是信息社会发展的标志之一。现有的中文版文字处理软件主要有微软公司的 Word、金山公司的 WPS、永中 Office 和以开源为准则的 OpenOffice 等。

1. Mircosoft Word

Microsoft Word 是微软公司的办公软件 Microsoft Office 的组件之一，是目前最流行的文字处理软件。作为 Office 套件的核心组件，Word 的功能非常强大，可以处理办公文档及数据、排版、建立表格，还可以做简单网页，而且可以通过其他软件直接发传真和邮件等，能满足普通人绝大部分的日常办公需求。

2．WPS

WPS 是由金山软件股份有限公司自主研发的一款办公软件，可以实现最常用的文字、表格、演示等多种功能。WPS 集编辑与打印为一体，具有丰富的全屏幕编辑功能，并提供了各种输出格式及打印功能，基本上能满足文字工作者编辑、打印各种文件的需求。

3．永中 Office

永中 Office 是江苏永中软件股份有限公司推出的一款功能强大的办公软件。该产品在一套标准的用户界面内集中了文字处理、电子表格和简报制作三大应用软件。基于创新的数据对象储藏库专利技术有效解决了 Office 各应用之间的数据集成问题，组成了一套独具特色的集成办公软件。永中 Office 易学易用、功能完备，并全面支持电子政务平台，可充分满足广大用户对常规办公文档的制作要求。

4．OpenOffice

OpenOffice 是跨平台的办公软件套件，它与各个主要的办公软件套件兼容。OpenOffice 是自由软件，任何人都可以免费下载、使用及推广。

以上这几款文字处理软件都很强大，但从功能和兼容性角度考虑，我们在日常工作中通常选用 Microsoft Word 来进行文档处理。

二、Microsoft Word 的主要功能和特点

Microsoft Word 的主要功能和特点可以概括如下：

(1) 所见即所得。用户用 Word 软件编排文档，可使打印效果在屏幕上一目了然。

(2) 直观的操作界面。Word 软件界面友好，提供了丰富多彩的工具，利用鼠标就可以完成选择、排版等操作。

(3) 多媒体混排。用 Word 软件既可以编辑文字、图形、图像、艺术字、数学公式，还可以插入音频、动画及其他软件制作的信息，能够满足用户各种文档处理的要求。

(4) 强大的制表功能。Word 软件提供了强大的制表功能，不仅可以自动制表，还可以手动制表。Word 自动保护其表格线，表格中的数据可以自动计算，还可以对表格进行各种修饰。同时，也可以在 Word 软件中直接插入电子表格。因此，用 Word 软件制作表格既轻松又美观，既快捷又方便。

(5) 自动功能。Word 软件提供了拼写和语法检查功能，提高了英文文章的正确性。如果发现语法错误或拼写错误，Word 软件会提供修正的建议。自动更正功能为用户输入同样的字符提供了很好的帮助。用户可以自己定义字符的输入，当用户要输入同样的若干字符时，可以定义一个字母来代替，尤其在汉字输入时，该功能使用户的输入速度大大提高。此外，用 Word 软件编辑好文档后，Word 还可以帮助用户自动编写摘要，为用户节省了大量的时间。

(6) 模板与向导功能。Word 软件提供了丰富的模板，使用户在编辑某一类文档时，能很快建立相应的格式。软件还允许用户自己定义模板，为用户建立特殊需要的文档提供了

高效而快捷的方法。

(7) 丰富的帮助功能。Word 软件的帮助功能十分详细，可提供形象而方便的帮助，使用户在遇到问题时能够找到解决问题的方法，方便快捷。

(8) Web 工具。因特网(Internet)是当今计算机最广泛、最普及的应用，Word 软件提供了 Web 工具支持。用户根据 Web 页向导，可以快捷而方便地制作出网页，还可以迅速地打开、查找或浏览包括 Web 页和 Web 文档在内的各种文档。

(9) 超强兼容性。Word 软件可以支持许多种格式的文档，也可以将 Word 编辑的文档以其他格式的文件存盘，这为 Word 软件和其他软件的信息交换提供了极大的方便。用 Word 可以编辑邮件、信封、备忘录、报告、网页等。

(10) 强大的打印功能。Word 软件提供了打印预览功能，具有对打印机参数强大的支持性和配置性。

三、Microsoft Office 和 WPS 的区别

1．软件名称和版权

WPS(Word Processing System，文字编辑系统)是中国金山软件公司出品的办公软件。微软 Windows 系统出现以前，在 DOS 系统盛行的年代，WPS 就是中国最流行的文字处理软件，现在版本已经更新到了 2019。WPS 是完全免费的，只需下载就可以使用所有功能。

Microsoft Office 是微软公司出品的一套基于 Windows 操作系统的办公软件，常用组件有 Word、Excel、Access、PowerPoint、FrontPage 等，目前最新版本为 Office 2019。Microsoft Office 产品是国外的软件，是收费软件。

2．软件功能

Microsoft Office 功能较为强大，但是 WPS 自出品以来一直都在"模仿"微软 Office 的功能架构，几乎所有 Office 的功能在 WPS Office 里面都是一样的操作，而且图标位置几乎都是一样的，所以如果你会使用 Microsoft Office，操作 WPS Office 也完全没有问题。

3．操作使用习惯

WPS 是专门为中国人开发的软件，所以 WPS 更加符合中国人的使用习惯。其中 WPS 表格就自带了各种实用公式，如计算个人所得税、多条件求和等常用公式。

4．网络资源和文档模板

WPS 可以直接登录云端备份存储数据，Office 则提供了付费的云端服务。

WPS 软件提供了很多符合中国人使用习惯的在线模板下载，同时还可以将模板一键分享到论坛、微博。无论是节假日还是热点事件，模板库都会"与时俱进"随时更新。

5．兼容性与可移植性

现在 WPS 可以选择的默认保存格式为".doc"、".xls"、".ppt"文件(微软 MS Office 文件类型)，可以支持打开 Office 格式的文件。除此之外，WPS 还提供了 Linux 跨平台版本。

6．产品多样性

Microsoft Office 常用组件除了有 Word、Excel、PowerPoint、Access 之外，还有 FrontPage(网页制作)、Outlook(邮件收发)、InfoPath(信息收集)、OneNote(记事本)、Publisher(排版制作)、Visio(流程图)、SharePoint 等组件。

WPS 目前只有 WPS 文字对应 Microsoft Office Word，WPS 表格对应 Microsoft Office Excel，WPS 演示对应 Microsoft Office PowerPoint。

四、熟悉 Word 2010 的工作界面

1．启动 Word 2010

单击屏幕左下角的"开始"按钮，在弹出的菜单中选择"所有程序"，然后选择 "Microsoft Office"→"Microsoft Word 2010"，启动 Word 2010，如图 1-1-1 所示。启动 Word 2010 软件后，系统将自动新建一个临时文件名为"文档 1.docx"的 Word 文档。

图 1-1-1　启动 Word 2010

2．Word 2010 界面组成

Word 2010 的工作界面如图 1-1-2 所示，主要包括窗口控制按钮、快速访问工具栏、标题栏、功能选项卡和功能区、文档编辑区、状态栏和视图切换栏等。

图 1-1-2　Word 工作界面

1) 快速访问工具栏

快速访问工具栏用于放置一些在编辑文档时使用频率较高的命令按钮。默认情况下，该工具栏包含了"保存" 🖫 、"撤消" 🔄 和"重复" 🔃 按钮。如需在快速访问工具栏中添加其他按钮，则可单击其右侧的三角按钮 ▾ ，在展开的列表中选择所需添加的选项即可。此外，通过该列表，还可以设置快速访问工具的显示位置。

2) 标题栏

标题栏位于 Word 2010 操作界面的最顶端，其中间显示了当前处于编辑状态的文档名称及程序名称，右侧是三个窗口控制按钮，分别单击它们可以将 Word 2010 窗口最小化、最大化(还原)和关闭。

3) 功能选项卡和功能区

功能选项卡和功能区位于标题栏的下方，是一个由多个选项卡组成的带形区域。每个功能选项卡都有与之对应的功能区，功能区中的工具栏会根据窗口大小调整显示方式。此外，有些工具栏右下角有"扩展功能"按钮，单击该按钮可以打开相关的对话框，进行更详细的设置。

4) 文档编辑区

在 Word 2010 的中央就是文档编辑区，它占据 Word 窗口的大片区域。用户可以在文档编辑区中对表格、文字和图形进行编辑。

5) 状态栏

状态栏位于操作界面的最下方，用于显示与当前文档有关的信息，如当前文档的页数、字数、语言类型等。此处，状态栏还提供了用于切换视图模式的视图按钮，以及用于调整视图显示比例的缩放级别按钮和显示比例调整滑块。

3. Word 2010 视图模式

Word 2010 提供了页面视图、阅读版式视图、Web 版式视图、大纲视图和草稿等五种视图模式，通过单击状态栏或"视图"选项卡"文档视图"组中的相应按钮，可切换不同的视图模式，如图 1-1-3 所示。

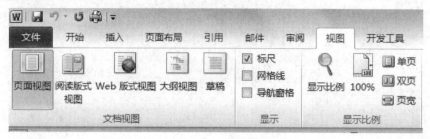

图 1-1-3　视图选项卡

其中："页面视图"是最常用的视图模式，它可以显示 Word 2010 文档的打印结果外观，主要包括页眉、页脚、图形对象、分栏设置、页面边距等元素，是最接近打印效果的视图；"阅读版式视图"以图书的分栏样式显示 Word 2010 文档，它主要供用户阅读文档，所以"文件"按钮、功能区等窗口元素被隐藏起来；"Web 版式视图"就是以网页的形式显示 Word 2010 文档，主要适用于发送电子邮件和创建网页；"大纲视图"主要用于 Word 2010 整体文档的设置和显示层级结构，并可以方便地折叠和展开各种层级的文档，广泛用于长文档的快速浏览和设置；"草稿"隐藏了页面边距、分栏、页眉、页脚和图片等元素，仅显示标题和正文，是最节省计算机系统硬件资源的视图方式。

五、新建和保存文档

1．创建空白文档

单击"文件"菜单中的"新建"命令，在后台界面中单击"空白文档"→"创建"按钮即可，如图 1-1-4 所示。

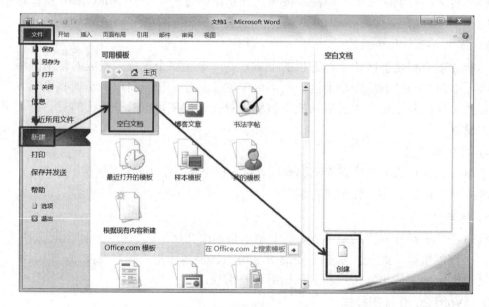

图 1-1-4　创建空白文档

2．利用模板创建文档

单击"文件"菜单中的"新建"命令，在后台界面中单击"样本模板"，打开样本模板列表框并选择"黑领结简历"选项，单击右侧窗口中预览该模板的样式，选中"文档"单选按钮，单击"创建"按钮，新建一个名为"文档 1"的新文档，该文档将自动套用所选择的"黑领结简历"模板模式，如图 1-1-5 所示。

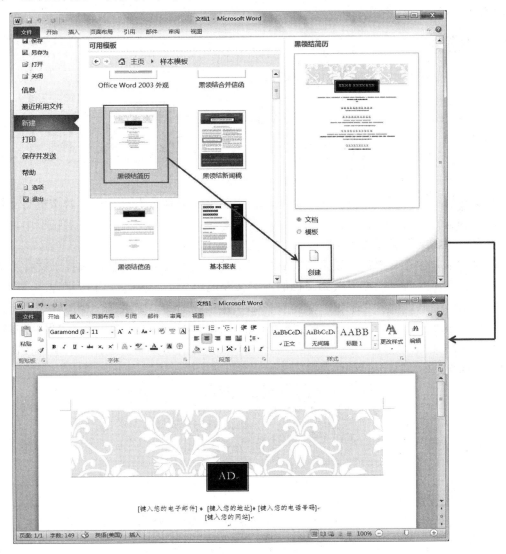

图 1-1-5　利用模板创建文档

3．保存和关闭文档

在编辑文档的过程中，要养成随时保存文档的习惯，以防止发生意外而使正在编辑的内容丢失。单击"快速访问工具栏"中的"保存"按钮或单击"文件"菜单中的"保存"命令就可以保存文档。如果是第一次保存文档，系统就会弹出"另存为"对话框，需设置保存路径，在"文件名"编辑框中输入文档保存的名称，如图 1-1-6 所示。

图 1-1-6　保存文档

对文档执行第二次保存操作时，系统不会再弹出"另存为"对话框。若希望将文档另存一份，则选择"文件"菜单下的"另存为"命令，在弹出的"另存为"对话框中，重新设置保存位置和文件名即可。

编辑完毕并保存文档后，还需要将其关闭。关闭当前编辑的文档，选择"文件"菜单下的"关闭"命令即可。如果关闭文档的同时又要退出 Microsoft Word 应用程序，则选择"文件"菜单下的"退出"命令，或者按"Alt + F4"组合键。在关闭文档时，如果有未保存的内容，系统将弹出如图 1-1-7 所示的对话框，提醒用户保存文档。选择"保存"按钮，则保存后关闭文档；选择"不保存"按钮，则不保存并关闭文档；选择"取消"按钮，则取消当前操作，返回 Word 2010 窗口。

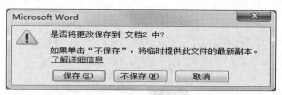

图 1-1-7　保存文档提示对话框

任务二　制作一份简历

【学习目标】

(1) 掌握利用模板创建文档的方法。

(2) 掌握 Word 文本及对象的编辑操作。

(3) 熟悉文本及对象的"查找"和"替换"操作。

(4) 掌握"撤消"和"恢复"操作。

【相关知识】

Word 模板的使用：通过"开始"菜单，新建 Word 文档，使用本机上的模板快速完成一份 Word 文档。

"查找"和"替换"：可查找、替换一个字或一句话，甚至一段内容。

"撤消"和"恢复"："撤消"和"恢复"是相对应的，"撤消"是取消上一步的操作，而"恢复"就是将撤消的操作再恢复回来。

【任务说明】

在实际应用中，各类 Word 文档虽然其内容各不相同，但却有一定的规律可循。例如，可将 Word 文档分为备忘录、出版物、信函与传真等。为此系统提供了若干模板以简化和加速用户的操作。本任务就是让大家学会使用模板创建 Word 文档，利用"样本模板"中的"黑领结简历"制作一份简历，任务的最终效果如图 1-2-1 所示。

图 1-2-1　简历样文效果

【任务实施】

一、启动 Word

单击屏幕左下角的"开始"按钮，在弹出的菜单中选择"所有程序"，在其展开的下一级菜单中用左键单击"Microsoft Word 2010"，即可启动该软件。

二、利用模板创建简历

模板是按照一定规范建立的文档，使用模板新建文档，可以快速创建具有一定格式和内容的文档，减轻用户的工作量。

使用模板创建"简历"文档的具体操作步骤如下：

(1) 打开"文件"菜单，选择"新建"命令，在后台界面中选择"可用模板"列表中的"样本模板"选项，在打开的样本模板列表框中选择"黑领结简历"选项，单击右侧窗口中预览该模板的样式，选中"文档"单选按钮，单击"创建"按钮，新建一个名为"文档1"的新文档，并自动套用所选择的"黑领结简历"模板的样式，如图1-2-2所示。

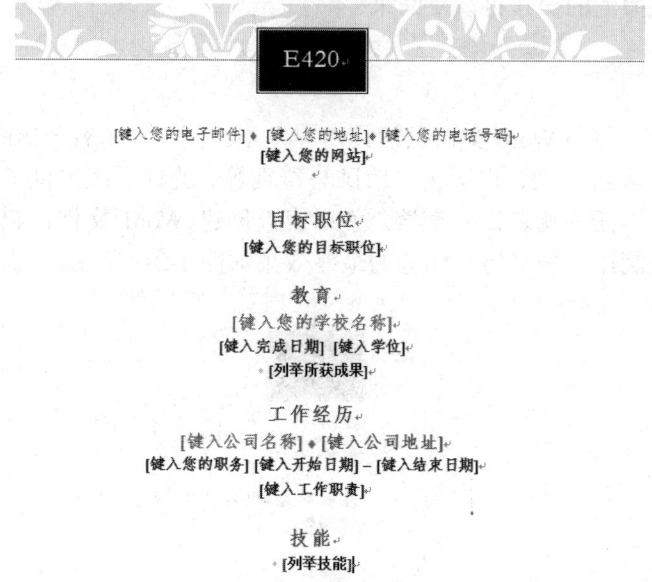

E420

[键入您的电子邮件] ♦ [键入您的地址] ♦ [键入您的电话号码]
[键入您的网站]

目标职位
[键入您的目标职位]

教育
[键入您的学校名称]
[键入完成日期] [键入学位]
[列举所获成果]

工作经历
[键入公司名称] ♦ [键入公司地址]
[键入您的职务] [键入开始日期] – [键入结束日期]
[键入工作职责]

技能
[列举技能]

图 1-2-2 "黑领结简历"

(2) 进入如图1-2-2所示界面后，可以根据提供的模板，输入简历内容，如图1-2-3所示。

王红

wanghong@163.com ♦ 北京市 ♦ 13000000000
..***.***

目标职位
讲师

教育
##大学
2015 年 6 月
获得 2014 年计算机程序设计大赛北京组一等奖

工作经历
##大学 ♦ 北京市**区**号
助教 2015 年 6 月-2017 年 7 月
教师

技能
****
****

图 1-2-3 生成文档

三、文档的保存——文档保存为"王红简历"

单击"文件"菜单下的"保存"命令，打开"另存为"对话框，如图 1-2-4 所示。确定文档保存路径，然后在"文件名"文本框中输入文档名称"王红简历"，单击"保存"按钮，保存文档。

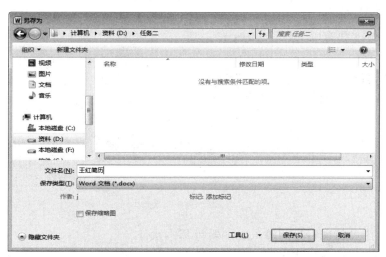

图 1-2-4　保存位置

四、查找和替换——在文档中查找"##"，并将其替换成"清华"

当用户需要在文档中找出某个多处用到的词并对其进行替换或更正时，用 Word 提供的查找和替换功能进行操作较为方便。本任务要求在文档中将"##"替换为"清华"。具体操作步骤如下：

在当前打开的"王红简历"文档中，单击"开始"选项卡功能区中的"编辑"组，选择"替换"按钮，在弹出的"查找和替换"对话框中输入需要替换的内容，如图 1-2-5 所示。

图 1-2-5　"查找和替换"对话框

五、另存修改后的文档——将文档另存为"王红新简历"

若需将修改后的文档保存到其他位置或另取名字，不覆盖当前文档，则需要用到"另存为"命令。如本任务中要求将修改后的文档在原路径下另存为新的文档"王红新简历"，具体操作如下：

单击"文件"菜单下"另存为"命令，打开"另存为"对话框，选择文档的保存路径为原路径，在"文件名"文本框中输入"王红新简历"，单击"保存"按钮即可。

六、退出 Word

退出 Word，主要有以下几种方法：
(1) 单击菜单"文件"→"退出"命令。
(2) 单击标题栏右侧的"关闭"按钮。
(3) 按键盘上的"Alt + F + X"组合键。

任务三　制作一份公文

【学习目标】

(1) 掌握文本及特殊符号的输入、编辑等基本操作。
(2) 掌握字体、段落格式设置的基本方法。
(3) 掌握一些常用的中文版式命令。

【相关知识】

文本输入：文本是文字、符号、特殊字符和图形等内容的总称。如果想要输入文本，首先要选择汉字输入法。一般安装好 Windows 操作系统后，系统都会自带一些基本的输入法，如微软拼音和智能 ABC 等比较通用的输入法。此外，用户也可以自己安装如搜狗拼音等其他输入法。

字符格式：Word 2010 提供了很多中英文字体，使用不同字体时显示效果不同。用户可以根据需要或习惯设置字体。

段间距：段落之间的距离。

行距：行和行之间的距离。

段落对齐：用户可通过格式工具栏中的对齐方式按钮来实现段落对齐。

段落缩进：段落的缩进有首行缩进、左缩进、右缩进和悬挂缩进四种形式，标尺上有这几种缩进所对应的标记。

页面设置：主要包括修改页边距、设置纸张与版式、设置文档网格等。

中文版式：主要包括拼音指南、带圈字符、纵横混排、合并字符、双行合一等命令。

【任务说明】

办公室里经常会编辑各类公文，而在 Word 中实现公文的编排又是办公人员所应具备的技能。下面我们通过公文制作这一任务来学习 Word 文档处理的一些基本操作。

这份公文的效果如图 1-3-1 所示。

中国人民 解放军 **陆军第××集团军装备部（请示）**

装战【2012】2 号　　　　　　　　　　　　　黄××签发

关于二〇一二年度××××装备

经费预算方案的请示

××军区装备部：

为进一步贯彻落实军区近期关于装备工作的重要指示，加强装备财务综合计划管理，充分发挥装备经费使用效益，按照军区装备部要求，我们结合集团军实际编制了 2012 年度 xxxx 装备经费方案。

本方案已经装备部党委研究、集团党委审议，现呈报你们，请核准。

妥否，请批示。

附件：二〇一二年度××××装备经费预算方案。

陆军第××集团军装备部

（盖章）

二〇一二年×月×日

主题词：×××　经费预算　计划【2012】

抄送：军区审计局。（共印 5 份）

承办单位：战技勤务处　联系人：×××　电话：××××××

图 1-3-1　公文效果

【任务实施】

一、启动 Word

单击屏幕左下角的"开始"按钮，在弹出的菜单中选择"程序"，然后选择"Microsoft Word 2010"，启动该软件。单击"文件"菜单下的"新建"命令，双击"空白文档"选项，即可建立一个空白文档。

二、切换输入法

在进行文件编辑之前，要选择适当的输入法。输入法的选择可通过敲击键盘上的"Ctrl + Shift"组合键来实现，也可用鼠标单击任务栏上的输入法图标进行选择，如图 1-3-2 所示。

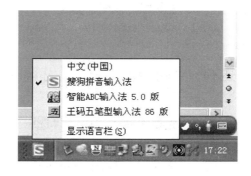

图 1-3-2　切换输入法

三、输入和修改文字

正文编辑区中不断闪烁的小竖线是光标，它所在的位置称为"插入点"，我们输入的文字将会从那里出现。选择好输入法之后，输入公文的内容。敲入"中国人民解放军陆军第××集团军装备部(请示)"，此时，光标位于最后一个字的后面。

在 Word 中，敲击回车键是给文章分段。敲击一下回车键，光标移到了下一行，接着输入公文的正文，在需分段的地方按回车键。

如果有输错的文字，用鼠标在这个错别字前面单击，将光标定位到这个字的前面，按一下 Delete 键，或者在这个字后面单击按一下 Backspace 键，错字就会被删掉。然后在光标处输入正确文字，这样就修改完成了。输入完文字的文档如图 1-3-3 所示。

中国人民解放军陆军第××集团军装备部（请示）

装战【2012】2 号　　　　　　　　黄××签发

关于二○一二年度××××装备

经费预算方案的请示

××军区装备部：

为进一步贯彻落实军区近期关于装备工作的重要指示，加强装备财务综合计划管理，充分发挥装备经费使用效益，按照军区装备部要求，我们结合集团军实际编制了2012年度××M×装备经费方案。

本方案已经装备部党委研究、集团党委审议，现呈报你们，请核准。

妥否，请批示。

附件：二○一二年度××××装备经费预算方案

陆军第××集团军装备部

（盖章）

二○一二年×月×日

主题词：×××　经费预算　计划【2012】

抄送：军区审计局。（共印 5 份）

承办单位：战技勤务处　联系人：×××　电话：×××××××

图 1-3-3　公文内容

四、简单的文档排版

只是把文字正确输入了还不够，制作编辑一份公文，还得进行简单的排版。

1．选中文本

在对文字或段落进行操作之前，先要将其"选中"。"选中"是为了对一些特定的文字或段落进行操作且又不影响文章的其他部分。如果要选中第一行标题，就把鼠标箭头移到"中"字的前面，按下鼠标左键，向右拖动鼠标到"(请示)"的后面，再松开左键，这几个字就变成黑底白字了，表示该部分处于选中状态。

2．设置字号

要将标题"中国人民解放军陆军第××集团军装备部(请示)"的字号设为"小一"，选中标题后，单击"开始"选项卡，在功能区中单击"字体"组中"字号"下拉列表框旁的下拉箭头，从里面选择"小一"，这几个字就变大了。

3．设置字体

单击"字体"下拉列表框，弹出的下拉列表中列出了系统中所安装的字体，而且每种字体的样式也都一目了然。在列表中选择"黑体"，将标题文字设置为黑体字，如图1-3-4所示。

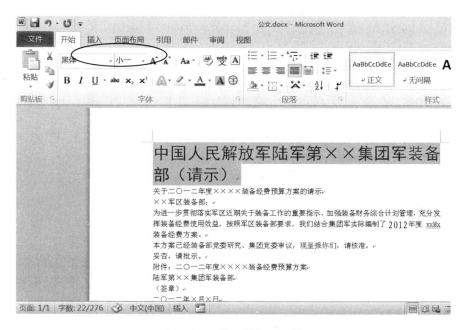

图 1-3-4 设置字体、字号

同理，将"关于二〇一二年度××××装备经费预算方案的请示"的字号设为"小二"，字体设为"仿宋"。其他内容的字号设置为"小四"，字体设置为"仿宋"。

4．设置段落对齐

选中标题，在"开始"选项卡中找到"段落"组，单击"居中"按钮，标题文字就居中对齐了。

同样，我们将光标分别定位在落款和日期的所在行，再单击工具栏上的"右对齐"按钮，使其右对齐。

5．设置首行缩进

我们平时写文章习惯于每段前空两格，现在我们就调整中间这些段落，将其设置为首行缩进2字符。选中文档中部的正文段落，单击"开始"选项卡"段落"组右下角的扩展按钮，在弹出的"段落"对话框中单击"特殊格式"的下拉箭头按钮，选择"首行缩进"，将右侧的"磅值"设置为"2字符"即可，如图1-3-5所示。

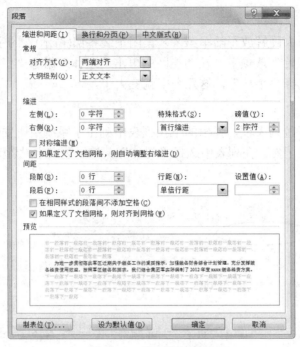

图 1-3-5　设置首行缩进

五、设置页面格式

在"页面布局"选项卡中"页面设置"组里选择相应按钮，可对纸张的大小、方向、页边距等进行设置。也可打开"页面设置"对话框，在弹出的对话框中进行纸张的选择，如果选择纸型为"16 开"，那么你可以看到 16 开纸就是宽度为 18.4 厘米、长度为 26 厘米的纸张；同时，设置页边距"上"、"下"、"左"、"右"均为 2 厘米，如图 1-3-6 和图 1-3-7 所示。

图 1-3-6　页面设置之纸张

图 1-3-7　页面设置之页边距

六、设置"双行合一"

选中标题"中国人民解放军",选择"开始"选项卡功能区"段落"组"中文版式"按钮,在展开的下一级菜单中选择"双行合一"按钮,在弹出的对话框中出现"中国人民解放军"等文字,单击"确定"按钮。设置后的效果如图1-3-8所示。

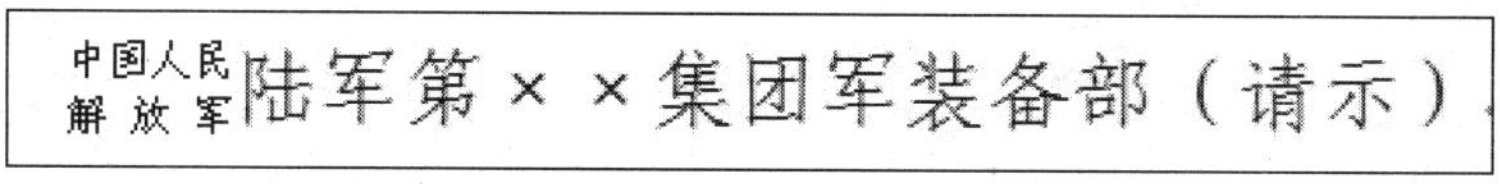

中国人民
解放军陆军第××集团军装备部(请示)

图1-3-8　设置"双行合一"

七、设置段间距

选中标题"中国人民解放军陆军第……",打开"开始"选项卡中"段落"组下的"段落"对话框,在弹出的"段落"对话框"缩进和间距"页面中设置"段后"为"2行",如图1-3-9所示。也可在"段落"组中选择"行和段落间距"按钮来调整文本的行间距及段前、段后的间距量。

图1-3-9　设置段间距

八、画线

在样文中"装战【2012】2号"一行的下方有一条直线。这是Word除了文字编辑功能外,提供的简单的绘图功能,可以通过鼠标选取某个图形按钮在文档中拖动画出。

在"插入"选项卡的"插图"组中单击"形状"按钮,在展开的各种形状中单击"直线",如图1-3-10所示。此时鼠标变成十字形,单击文档中某处之后向右拖拉就可画出一条直线。

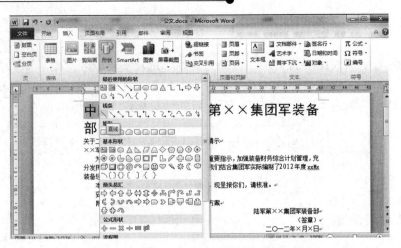

图 1-3-10　选择直线

选中直线，直线两端各出现一个圆点，此时可通过鼠标拖动或键盘的方向键改变直线位置；也可通过鼠标控制直线一端圆点，拖曳改变直线的长度和方向。在选中直线时，还可在"绘图工具"的"格式"选项卡中设置直线的颜色及线型，效果如图 1-3-11 所示。设置直线颜色为红色，线型为 2.25 磅。效果如图 1-3-12 所示。

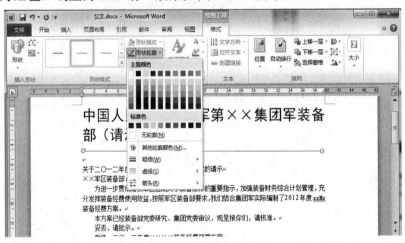

图 1-3-11　设置直线格式

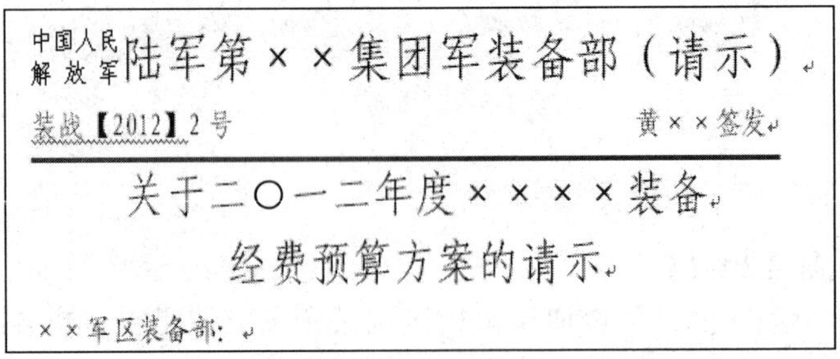

中国人民
解放军陆军第××集团军装备部（请示）

装战【2012】2 号　　　　　　　　　　黄××签发

关于二〇一二年度××××装备
经费预算方案的请示

××军区装备部：

图 1-3-12　直线格式效果图

同样，如样文所示，在"主题词……"、"抄送……"、"承办单位……"下方均绘制直线，颜色及线型同上。

九、存盘

　　保存制作好的公文并改变存盘的路径。单击"文件"菜单下"另存为"命令，打开"另存为"对话框，在左侧的列表中选择 D 盘下的"任务三"文件夹，然后将文件名改为"公文"，单击"保存"即可。

　　如果 D 盘没有"任务三"文件夹，先选择 D 盘，然后单击"另存为"对话框中的"新建文件夹"命令，新建一个文件夹再改名为"任务三"即可，如图 1-3-13 所示。

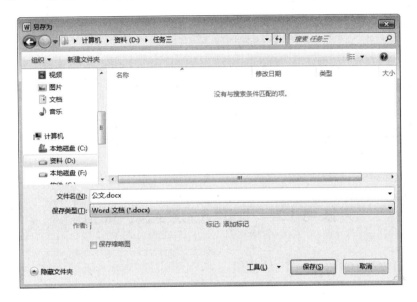

图 1-3-13　新建文件夹并存盘

【课堂练习】

　　目标：学习本任务后，学生应掌握各种数据对象的正确录入，并按照要求设置格式，提高办公效率。

　　准备工作：应知道基本概念、基本操作、数据的录入知识。

　　实验设置：安装好 Word 2010。

　　支撑资源：由素材库提供。

　　实验方案：分组进行。

　　实验时间：1 课时。

　　实验内容：制作一份"关于演习期间禁止闲人进入×领域的通告"的公文。

　　要求：

　　(1) 设置字体：标题为黑体、小二、居中；其他内容为小四、宋体。

　　(2) 设置首行缩进：正文首行缩进 2 个字符。

　　(3) 设置行/段间距：设置标题与第一段段后距为 1 行；设置"特此通告"及其以下两行的行间距为 3 倍行距。

(4) 设置对齐：设置部门与时间右对齐。

设置效果如图 1-3-14 所示。

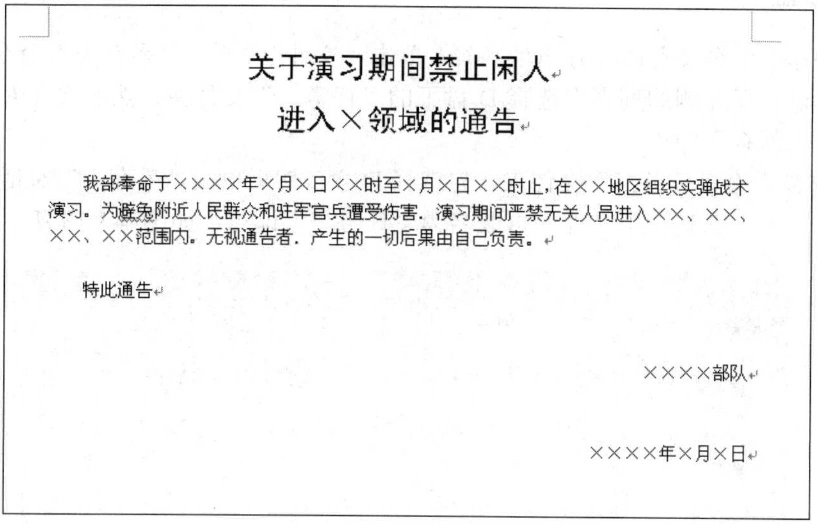

关于演习期间禁止闲人

进入×领域的通告

我部奉命于××××年×月×日××时至×月×日××时止，在××地区组织实弹战术演习。为避免附近人民群众和驻军官兵遭受伤害，演习期间严禁无关人员进入××、××、××、××范围内。无视通告者，产生的一切后果由自己负责。

特此通告

××××部队

××××年×月×日

图 1-3-14 课堂练习样文

任务四 制作一份宣传简报

【学习目标】

(1) 掌握首字下沉、分栏的方法。

(2) 掌握插入各种对象，如自选图形、文本框、图片、艺术字等的方法。

(3) 掌握编辑对象的方法，如设置绕排方式，设置对象样式，包括填充、线条、阴影效果、三维效果等。

【相关知识】

插入图形主要包括插入图片、艺术字、自选图形等。用户可以用此功能方便地在 Word 2010 文档中插入各种图片，如 Word 2010 提供的剪贴画和图形文件(如 BMP、GIF、JPEG 等格式)。

在文档中插入图形之后，为了使图片与文本实现更好的融合，需要设置图片的一些属性，可通过选择图片属性中的“设置图片格式”来完成。

【任务说明】

宣传简报在军队生活中起到了上通下联的作用。利用 Word 软件制作一份精美的宣传简报是十分便捷的。本任务需完成的宣传简报的最终效果如图 1-4-1 所示。

报日：全军欢二同

宣传简报

XX 单位宣传部主办　　　　　　　　XX 年 XX 月 XX

某军区某集团军开展"千人百装"比武考核

XX 军区　XX 部队政治处干事　XX

掌 勺的厨师、打针的护士、数钱的会计……这些后勤保
障人员战场上能够经受住
的考验？近日，某军区某集团军组织
后勤专业"千人百装"比武考核活动，
后勤实战化保障能力，提升部队后勤
保障水平，实践证明，他们真不赖！

笔者了解到该集团军针对后勤保障人员设置考核条件，突出信息化和专业知识的掌握运用，突出战时必需、平时必备的专业技能的"三个突出"的战场需求，采取普考与抽考、基本与专业等相结合的方式，对师旅至班排7个层级20类人员，7个专业34个课目，以比武亮相代替考核评定的思路推进后勤建设全面发展。

比武场战鼓雷动、士气高昂，若不知道是后勤比武还真以为是逐鹿前线战场，只见选手个个顽强拼搏，发扬了某必胜或必克的英勇作风和精湛的技能创造了所有比武课目优良率达 100% 的记录。

图 1-4-1　"宣传简报"样文效果

【任务实施】

打开原文"任务四\宣传简报.docx"，在此文档中实现如下任务。

一、段落格式设置

操作要求：

(1) 简报头标题、正文标题、单位、作者段后均设置为 1 行，对齐方式均为居中。

(2) 设置正文对齐方式为"两端对齐"，段落间距段前、段后各 0.5 行。

(3) 行距固定值设置为 23 磅。

(4) 各段首行缩进 2 个字符。

二、字体设置

操作要求：

(1) 设置简报头标题"宣传简报"为"居中"，字体为"华文行楷"，字形为"加粗"，字号为"初号"，字体颜色为"红色"，效果为"阴影"。

(2) 设置正文标题字体为"黑体"，字形为"加粗"，字号为"小二"，字体颜色为"黑色"。

(3) 设置单位作者字体为"楷体",字形为"常规",字号为"四号",字体颜色为"深红"。

(4) 设置正文字体为"楷体",字形为"常规",字号为"四号",字体颜色为"黑色"。

三、首字下沉

操作要求:

设置正文首字位置为"下沉",下沉行数为2,距正文2.85磅,其他设置默认。

操作步骤:

在"插入"选项卡"文本"组中单击"首字下沉"选项,如图 1-4-2 所示,打开"首字下沉"选项对话框,如图 1-4-3 所示,设置"位置"为"下沉",设置"下沉行数"为"2",在"距正文"栏中输入"2.85 磅"。设置完成后,单击"确定"按钮,显示如图 1-4-4 所示效果。

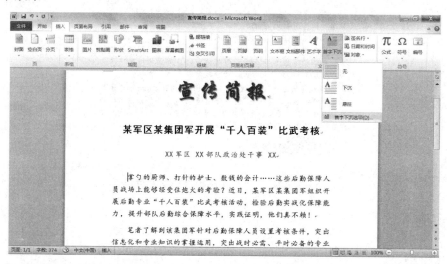

图 1-4-2 "首字下沉"选项

图 1-4-3 "首字下沉"对话框

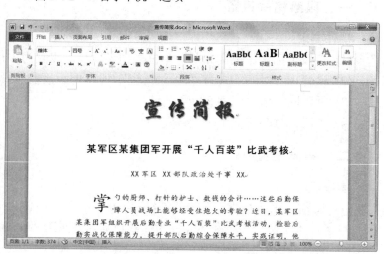

图 1-4-4 "首字下沉"效果

四、分栏

操作要求：

给第二段文字分栏，要求栏数为三栏，每栏宽度为 11.83 字符，要求有分割线。其他设置默认。

操作步骤：

(1) 选中第二段文字，选择"页面布局"选项卡"页面设置"组中的"分栏"命令，在弹出的菜单中单击"更多分栏"命令，打开图 1-4-5 所示的"分栏"对话框，按照操作要求进行栏设置。

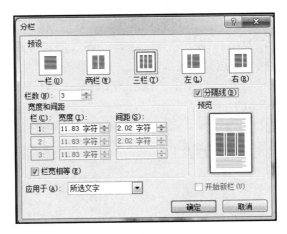

图 1-4-5 "分栏"对话框

(2) 单击"确定"按钮后，显示如图 1-4-6 所示分栏效果。

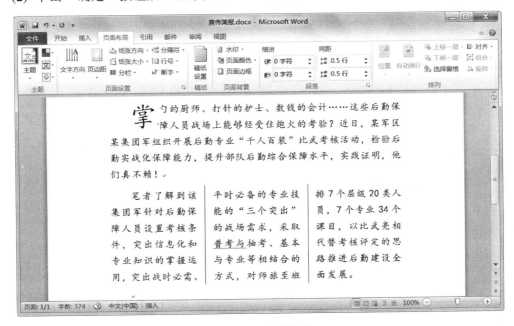

图 1-4-6 分栏效果

五、插入对象

(一) 插入自选图形

1. 绘制直线

操作要求：

在简报头标题下画一条实线，线条颜色为深红，线条粗细为 3 磅，阴影样式为"外部：左上斜偏移"。

操作步骤：

(1) 在"插入"选项卡的"插图"组中单击"形状"按钮，在打开的列表中选择"直线"按钮，将鼠标移动到简报头标题下方，这时光标呈"十"字形，拖曳鼠标，即可画出一条直线。

(2) 右键单击直线，在弹出的快捷菜单中选择"设置形状格式"命令，打开"设置形状格式"对话框，在左侧列表中选择"线条颜色"，在右侧单击"实线"单选按钮，选择"颜色"按钮，在列表中选择"标准色"中的"深红"，如图 1-4-7 所示；选择"线型"，宽度设置为"3 磅"，如图 1-4-8 所示；选择"阴影"，单击"预设"按钮，在列表中选择"外部"中的"左上斜偏移"，如图 1-4-9 所示。最终效果如图 1-4-10 所示。

图 1-4-7　设置直线颜色

图 1-4-8　设置直线线型

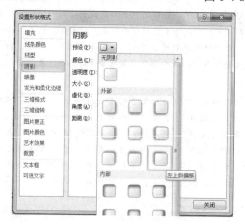

图 1-4-9　设置直线阴影样式

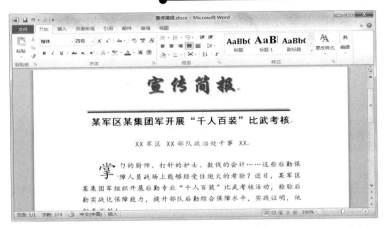

图 1-4-10　直线效果

2．制作"旗台"

利用直线、矩形等形状绘制"旗台"，具体操作要求和操作步骤如下：

1）制作"底台"

操作要求：

画高度为"1.8 厘米"、宽度为"3.6 厘米"和高度为"1.5 厘米"、宽度为"1.8 厘米"的两个棱台。

操作步骤：

(1) 单击"插入"选项卡功能区"插图"组中的"形状"按钮，选择矩形类的"矩形"，然后将鼠标移动到绘图区域，拖曳鼠标，绘制一个矩形。

(2) 选中该"矩形"，在"绘图工具—格式"功能区"形状样式"组和"大小"组中对图形颜色、尺寸等外观进行设置。单击"形状样式"组的"形状填充"，在打开的列表中选择"白色，背景 1，深色 25%"；在"形状轮廓"按钮的展开列表中选择"无轮廓"；在"形状效果"的"棱台"类中选择"角度"、"三维旋转"，选择"平行"类的"离轴 1 上"。在"大小"组中，设置矩形高度为 1.8 厘米，宽度为 3.6 厘米。操作效果如图 1-4-11 所示。

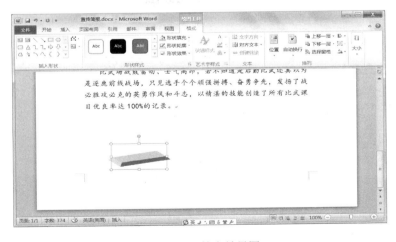

图 1-4-11　棱台效果图

(3) 重复以上两步，再绘制高度为"1.5 厘米"、宽度为"1.8 厘米"的另一个棱台。

(4) 移动两棱台，使之上下叠加，如图 1-4-12 所示。

图 1-4-12　两矩形三维设置后效果

2) 绘制旗杆

操作要求：

在底台上画一条高度为"2.2 厘米"、线条颜色为"绿色"、线型为"3 磅"的竖线。

操作步骤：

(1) 单击"插入"选项卡功能区"插图"组中的"形状"按钮，在展开的列表中选择"直线"按钮，将鼠标移动到底台上方，拖曳鼠标，绘制一条垂直直线。

(2) 右键单击"直线"，在快捷菜单中选择"设置形状格式"命令，或双击"直线"，选项卡自动切换到"绘图工具—格式"功能区，在"形状样式"组中选择"形状轮廓"命令，将线条颜色设置为"绿色"，粗细设置为"3 磅"；设置"大小"组中的"高度"为"2.2 厘米"，如图 1-4-13 所示。

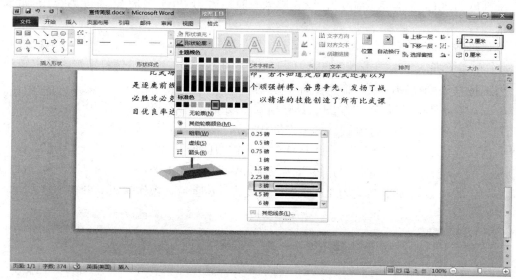

图 1-4-13　设置旗杆颜色、线型和高度

(3)"旗杆"最终效果如图 1-4-14 所示。

图 1-4-14　旗杆最终效果

3) 绘制旗帜

操作要求：

在旗杆顶部画"波形"图形，高度为"25磅"，宽度为"40磅"，填充色为"红色"。

操作步骤：

(1) 单击"插入"选项卡功能区"插图"组中的"形状"按钮，在展开的列表中选择"星与旗帜"类的"波形"图形，如图1-4-15所示。

(2) 将光标放在旗杆顶部，拖曳鼠标至合适大小，绘制旗帜。

(3) 双击旗帜图形，则选项卡自动切换到"绘图工具—格式"功能区，在"形状样式"组中选择"形状填充"，设置图形填充色，在"填充颜色"组合框中选择"红色"，在"形状轮廓"中设置"无轮廓"；设置"大小"组中的"高度"为"25磅"，"宽度"为"40磅"。旗帜最终效果如图1-4-16所示。

图1-4-15 选择"星与旗帜"类的"波形"图形

图1-4-16 旗帜最终效果

4) 图形组合

操作要求：

将所有图形组合为一个图形。

操作步骤：

框选或按住"Ctrl"键连续选中旗台所有组成部分的图形，使各部分图形都处于选中状态，切换到"绘图工具—格式"选项卡，选择"排列"组中的"组合"，在弹出菜单中选择"组合"命令，如图1-4-17所示。这样，多个图形便组合成为一个完整图形，如图1-4-18所示。

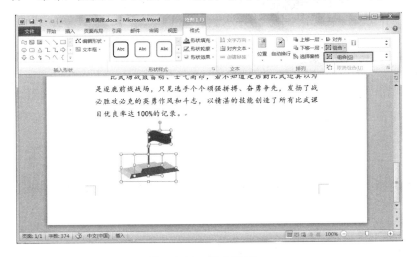
图1-4-17 组合图形

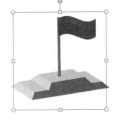
图1-4-18 组合后效果

将组合后的旗台图形移动到文档下方的合适位置，会发现图形遮盖住了文字，所以需要设置图形的叠放次序。

5) 叠放次序

操作要求：

设置旗台图形叠放次序为"衬于文字下方"。

操作步骤：

双击旗台图形，切换到"绘图工具—格式"选项卡，选择"排列"组中的"下移一层"，再在菜单中单击"衬于文字下方"命令，如图 1-4-19 所示，得到如图 1-4-20 所示的效果。

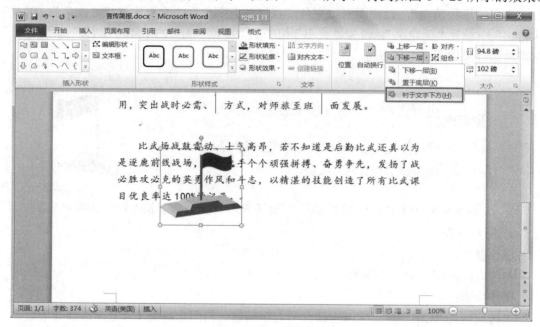

图 1-4-19　设置叠放次序

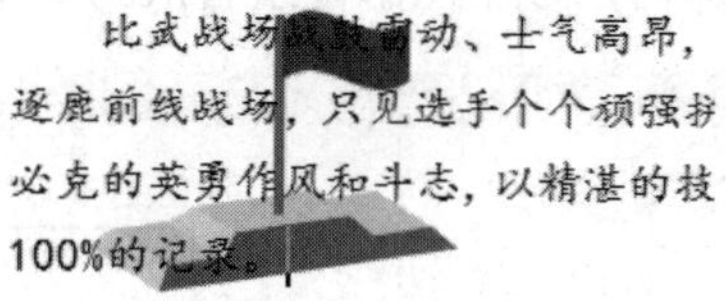

图 1-4-20　叠放次序效果

(二) 插入文本框

操作要求：

在简报头部的线条上方左侧和右侧插入两个横排文本框，设置文字格式为"宋体"、"五号"。

操作步骤：

(1) 单击"插入"选项卡"文本"组中的"文本框"按钮，在其展开的列表中选择"绘制文本框"命令，插入预设格式的文本框，如图1-4-21所示。

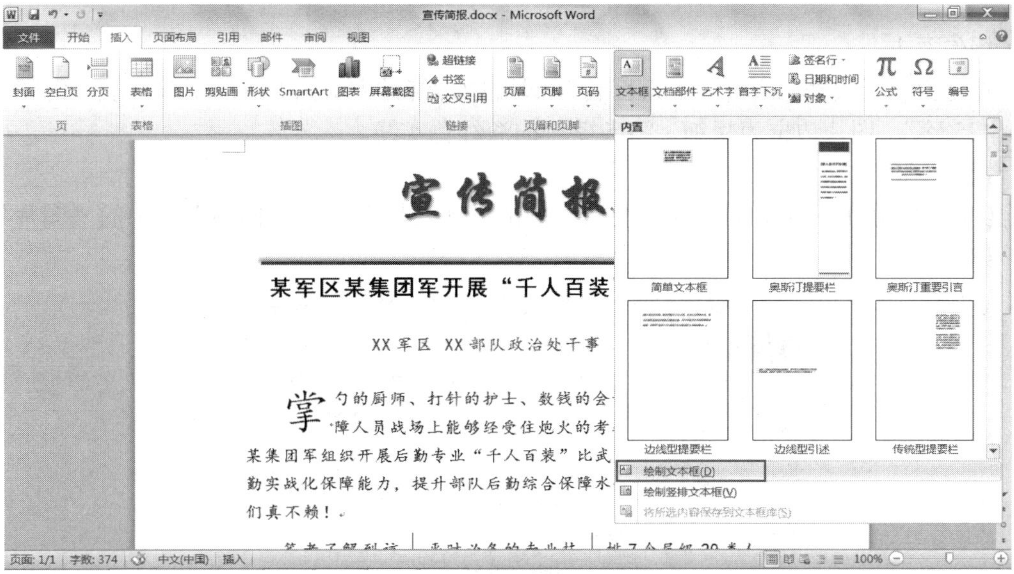

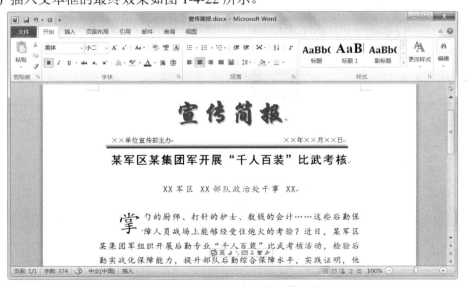

图1-4-21 插入文本框

(2) 将鼠标移动到直线左上侧，当光标变成"十"字形时，拖曳一个合适大小的文本框；在光标闪动处输入文字"××单位宣传部主办"。用同样的方法在直线右上侧插入文本框，输入"××年××月××日"。

(3) 选中两个文本框，在"开始"选项卡中设置字体为"宋体"，字号为"五号"。

(4) 如果插入的文本框有边框，有填充色，可以双击选中的文本框，切换到"绘图工具—格式"，单击"形状样式"组中的"形状填充"按钮，在列表中选择"无填充颜色"；单击"形状轮廓"按钮，在列表中选择"无轮廓"。

(5) 插入文本框的最终效果如图1-4-22所示。

图1-4-22 插入文本框的最终效果

（三）插入图片

操作要求：

在正文第一段插入图片“千人百装”，设置图片绕排方式为“四周型”，图片大小为“95磅×125 磅”，图片边框为粗细 “1.5 磅”的深红色实线。

操作步骤：

(1) 将鼠标光标置于文档第一段中，单击“插入”选项卡“插图”组中的“图片”按钮，如图 1-4-23 所示。

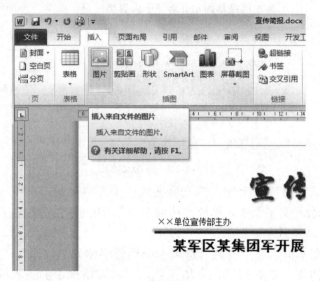

图 1-4-23 插入图片命令

(2) 在打开的“插入图片”对话框中，查找“任务四\千人百装.jpg”，单击“插入”按钮，如图 1-4-24 所示。

图 1-4-24 查找插入图片

(3) 双击图片,切换到"图片工具—格式"选项卡,单击"大小"组右下角的"扩展"按钮,打开"布局"对话框,选择"大小"选项卡,取消"锁定纵横比"后,将"高度"绝对值设为"95 磅","宽度"绝对值设为"125 磅",如图 1-4-25 所示。选择"文字环绕"选项卡,设置"环绕方式"为"四周型",如图 1-4-26 所示,再单击"确定"按钮。选择"图片样式"组中的"图片边框"按钮,在列表中选择"深红"按钮,选择"粗细"列表中的"1.5 磅",如图 1-4-27 所示。最终效果如图 1-4-28 所示。

图 1-4-25　设置图片大小

图 1-4-26　设置图片环绕方式

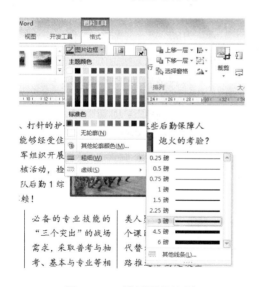

图 1-4-27　设置图片边框

图 1-4-28　图片设置效果

(四) 插入艺术字

操作要求:

插入艺术字,选择第五行第三列样式,内容为"加油!",字体为"华文琥珀",字号为"36",环绕方式为"紧密型环绕"。

操作步骤：

(1) 在"插入"选项卡中单击"文本"组"艺术字"按钮，在展开的列表中选择第五行第三列样式，在文档中出现艺术字编辑框，如图1-4-29所示。在相应位置输入文字"加油！"，并设置字体为"华文琥珀"，设置字号为"36"，效果如图1-4-30所示。

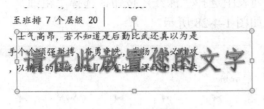

图1-4-29 艺术字编辑框   图1-4-30 插入艺术字

(2) 右键单击艺术字，在弹出的快捷菜单中选择"其他布局选项"命令，打开"布局"对话框，切换到"文字环绕"选项卡，选择"环绕方式"中的"紧密型"，单击"确定"按钮，如图1-4-31所示。

(3) 将设置好的艺术字移动到文档中的合适位置，其最终效果如图1-4-32所示。

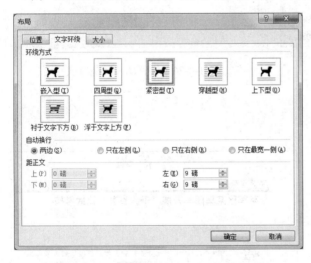

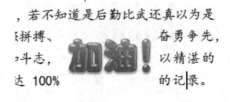

图1-4-31 设置艺术字"环绕方式"   图1-4-32 插入"艺术字"最终效果

六、背景水印

操作要求：

文档背景设置图片水印"五星"。

操作步骤：

(1) 单击"页面布局"选项卡"页面背景"组中的"水印"按钮，展开水印列表，在该列表中，选择"自定义水印"命令，打开如图1-4-33所示的"水印"对话框。

(2) 选中"图片水印"单选按钮，然后单击"选择图片"按钮，打开"插入图片"对话框，选择"任务四\五星.jpg"，再单击"插入"按钮，如图1-4-34所示。这时，在"水印"对话框中显示了图片路径，如图1-4-35所示，单击"确定"按钮，水印设置完毕。

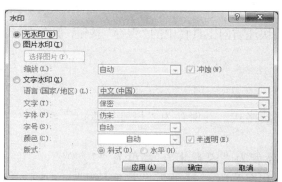

图 1-4-33　"水印"对话框

图 1-4-34　"插入图片"对话框

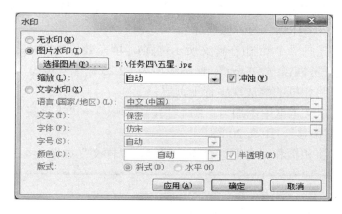

图 1-4-35　成功选择水印图片对话框

(3) 设置完成后，最终效果如图 1-4-36 所示。

图 1-4-36　添加背景"水印"后效果

七、保存文档

单击"文件"菜单中的"保存"命令或单击快速访问工具栏中的"保存"按钮,保存文档。

【课堂练习】

练习内容:图文框制作——母难日。

新建文档,按下列要求创建、设置文本框的格式,并保存为"母难日.docx"。

操作要求:

(1) 创建文本框。插入一个竖排文本框,宽度为"19 厘米",高度为"7 厘米"。

(2) 设置文本框格式。填充双色效果(白色和深黄色);线型为"上细下粗"、"4.5 磅";颜色为"深黄色"。

(3) 文字修饰。标题为"隶书"、"三号";作者姓名为"隶书"、"五号";正文为"方正姚体"、"小三号";字体颜色为"橄榄绿"。

(4) 制作相框。先画一个椭圆(在样文所示位置),填充效果为图片,并将图片"水平翻转",图片路径为"任务四\余光中.jpg";椭圆线型为"2.25 磅"、"实线",颜色为"橄榄绿"。

(5) 叠放次序。将相框的叠放次序置于顶层。

(6) 三维效果。在文本框中添加自选图形"星与旗帜"→"十字星",填充颜色为绿色,阴影效果为"左上斜偏移",距离 20 磅。

(7) 图文组合。将相框和文本框组合为一整体。"样文"如图 1-4-37 所示。

图 1-4-37 样文

任务五 制作一张统计表

【学习目标】

(1) 掌握创建表格的方法。

(2) 掌握编辑、调整与修饰表格的方法。

(3) 掌握表格数据的计算方法。

【相关知识】

在 Word 中,提供了较强的表格处理功能,可以方便地创建、修改表格,还可以对表格中的数据进行计算、排序等处理。Word 中的表格由若干行和若干列组成，行和列交叉的部分叫做单元格。单元格是表格的基本单位。表格在日常办公中使用极为广泛，创建表格是 Word 使用中应该掌握的基本操作。在创建好表格以后，下一步操作就是向表格中输入文本了。在表格中输入文本的方法和在文档中输入正文的方法一样，只要将插入点定位在要输入文本的单元格中，然后输入文本即可。在完成表格内容输入后，就可以通过表格属性对表格进行编辑、调整、修饰。在 Word 中，可以对表格中的数据进行计算，还可以进行排序等操作。要对表中数据进行操作，先要了解单元格的表示法。表格中的列依次用英文字母 A，B，C，……表示，表格中的行依次用数字 1，2，3，……表示。某个单元格则用其对应的列号和行号表示。

【任务说明】

某学院每年都有一定的开支统计，可以通过 Word 中的表格表示该年的年度支出，并利用图表更加详细地显示支出情况。利用 Word 软件制作学院年度办公开支统计表的最终效果如图 1-5-1 所示。

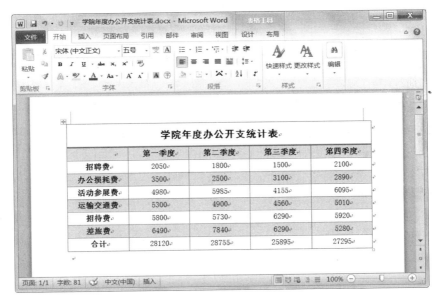

图 1-5-1　统计表的最终效果

【任务实施】

一、插入并输入表格内容

1. 设置页面尺寸

新建文档，切换到"页面布局"选项卡，单击"页面设置"组的对话框启动按钮。在打开的"页面设置"对话框中，将"纸张大小"设为"16 开"，将页边距设为 1.5 厘米后，单击"确定"按钮，返回文档中。

2．插入表格

切换到"插入"选项卡，单击"表格"下拉按钮中的"插入表格"命令，在打开的"插入表格"对话框中，设置"列数"为5，"行数"为9，如图1-5-2所示，单击"确定"后，即可在文档中插入一个9行5列的表格，如图1-5-3所示。如果插入的表格列数≤10，行数≤8，则可以直接在"表格"下拉按钮中选择插入。

图1-5-2 "插入表格"对话框　　　　　　　图1-5-3 插入表格

3．合并标题行

选中表格第一行，切换到"表格工具—布局"选项卡，单击"合并"组中的"合并单元格"命令，将表格第一行合并，如图1-5-4所示。

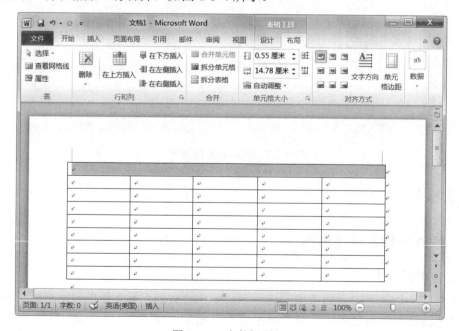

图1-5-4 合并标题行

4．输入表格内容

将光标定位至相应的单元格内，输入表格内容，如图 1-5-5 所示。

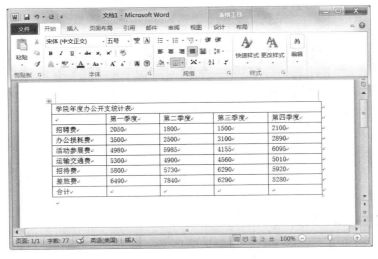

图 1-5-5　输入表格内容

5．设置标题行格式

将标题文本的"字体"设为"黑体"，将"字号"设为"四号"，并将其设置为水平居中显示。选中第一行单元格，切换到"表格工具—设计"选项卡，单击"表格样式"组中的"底纹"按钮，在列表中选择"浅绿"，将单元格底纹颜色设置为浅绿色，如图 1-5-6 所示。

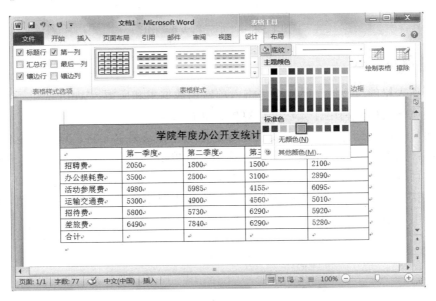

图 1-5-6　设置标题行格式

6．设置表格文本格式

按照同样的操作，对表格文本内容的格式进行设置。文字全部居中，表头文字加粗，如图 1-5-7 所示。

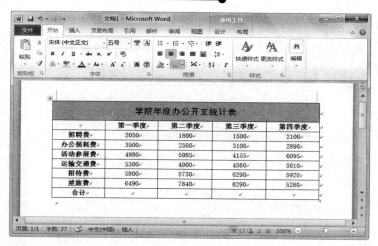

图 1-5-7 设置文本格式

7. 设置表格行高、列宽

选中表格，切换至"表格工具—布局"选项卡，单击"表格行高"微调按钮，调整好表格的行高，如图 1-5-8 所示。同理可设置表格的列宽。

图 1-5-8 "单元格大小"组

二、计算合计值

任务所作表格的"合计"行数据是将六项费用数据求和所得。Word 提供了常用的计算功能，下面就学习如何利用计算功能计算出合计行数据。

计算第一季度的合计值，首先要将光标定位至运算结果单元格，这里将定位在第二列末尾单元格；切换到"表格工具—布局"选项卡，单击"数据"中的"公式"按钮，打开"公式"对话框，如图 1-5-9 所示。在"公式"文本框中，系统显示了默认的求和公式，这里保持默认公式不变，单击"确定"按钮。表格中显示出第一季度的合计值。按照这种方法，计算出其他季度的合计值，如图 1-5-10 所示。

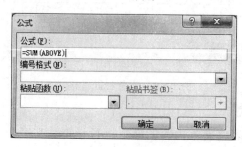

图 1-5-9 "公式"对话框

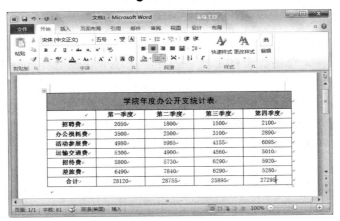

图 1-5-10　计算"合计"值

三、美化表格

1．设置表格颜色

给表格中的表头部分设置浅蓝色底纹，操作过程是：选择第二行，切换到"表格工具"的"设计"选项卡，单击"表格样式"组中的"底纹"按钮，在列表中选择"浅蓝"，如图 1-5-11 所示。用同样的方法设置第一列的底纹，结果如图 1-5-12 所示。

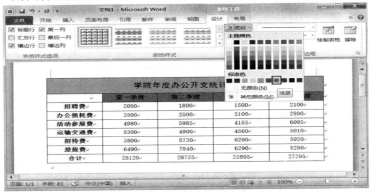

图 1-5-11　设置表头颜色

图 1-5-12　设置后的结果

2．设置表格框线

　　将表格的外框线设置为"2.25 磅"的上粗下细线，内框线设置为"1.0 磅"的虚线。操作过程是：选中表格，单击"表格工具—设计"选项卡"表格样式"组中的"边框"按钮，打开"边框和底纹"对话框，在"边框"选项卡中进行设置；在"样式"列表中选择"上粗下细线"，在宽度中选择"2.25 磅"，然后在"预览"处，单击外框按钮，设置外框线；用同样的方式，选择"虚线"、"1.0 磅"，然后在"预览"处，单击内框按钮，设置内框线，如图 1-5-13 所示。单击"确定"按钮，即可查看设置好的表格线型样式，如图 1-5-14 所示。

图 1-5-13　"边框和底纹"对话框

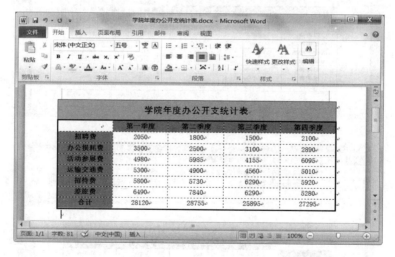

图 1-5-14　设置后的结果

3．内置表格样式设置

　　全选表格，在"表格工具—设计"选项卡"表格样式"组中，单击"其他"下拉按钮，选择合适的表格样式。选择第三行第三列样式，如图 1-5-15 所示。设置后的效果如图 1-5-16所示。

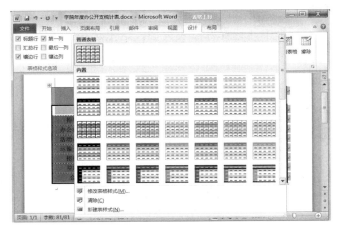

图 1-5-15 表格样式列表

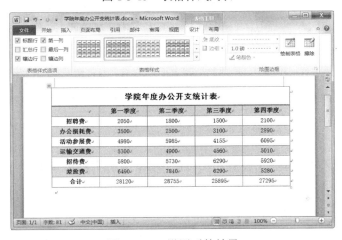

图 1-5-16 设置后的效果

四、插入图表

1. 启用"图表"功能

将光标定位至图表插入点，切换到"插入"选项卡，单击"插图"组中的"图表"按钮，打开"插入图表"对话框，如图 1-5-17 所示。

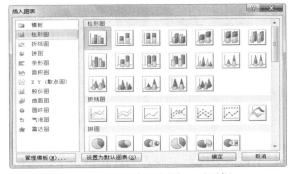

图 1-5-17 "插入图表"对话框

2．选择图表类型

在"插入图表"对话框中，选择好图表类型，这里选择默认的"簇状柱形图"图表，然后单击"确定"按钮。

3．输入表格数据

在打开的 Excel 工作表中输入数据，如图 1-5-18 所示。

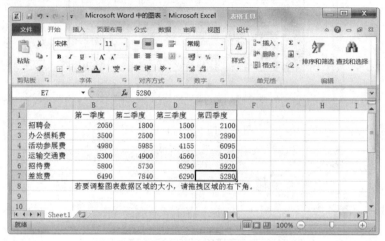

图 1-5-18　输入表格数据

4．插入图表

输入完毕后，关闭 Excel 工作表。此时在 Word 文档中则可显示插入的图表效果，如图 1-5-19 所示。

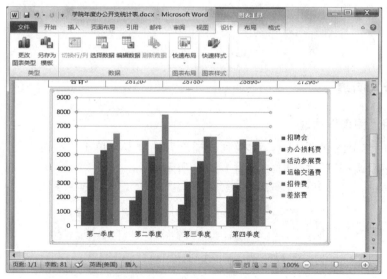

图 1-5-19　插入图表后的效果

5．调整图表大小

选中图表，将光标移至该图表四个控制点的任意一个上，按住鼠标左键拖动该控制点至满意位置放开鼠标，即可调整其大小。

五、修饰图表

1. 添加图表标题

切换到"图表工具—布局"选项卡，单击"标签"组中的"图表标题"按钮，在下拉列表中选择"图表上方"命令，如图 1-5-20 所示。在图表上方出现图表标题文本框，单击标题文本框，输入图表的标题文本，完成输入后单击图表任意空白处，如图 1-5-21 所示。

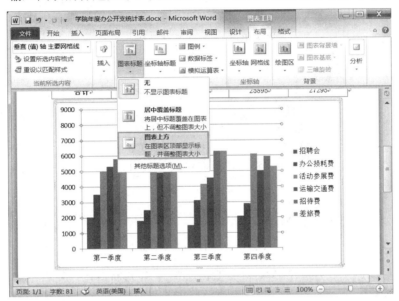

图 1-5-20 插入图表标题

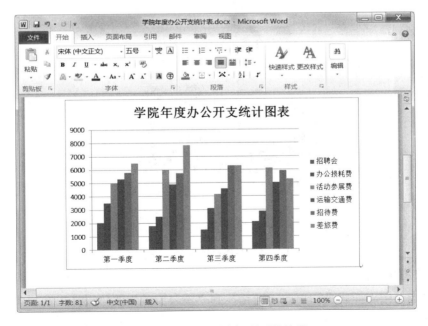

图 1-5-21 插入图表标题后的效果

2. 添加数据标签

单击"图表工具—布局"选项卡"标签"组中的"数据标签"按钮，在其下拉列表中选择"数据标签外"选项，如图 1-5-22 所示。最终效果如图 1-5-23 所示。

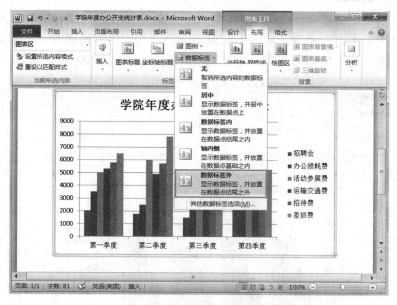

图 1-5-22　添加数据标签

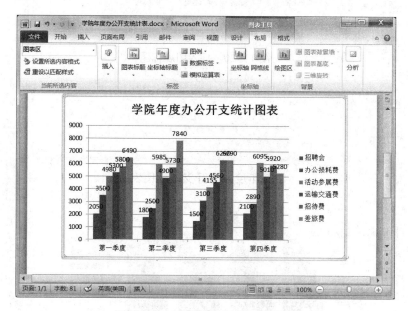

图 1-5-23　添加数据标签后的效果

3. 更改图表样式

若想对当前图表样式进行更改，可切换到"图表工具"的"设计"选项卡，单击"类型"组中的"更改图表类型"按钮，在打开的"更改图表类型"对话框中选择满意的图表类型，如图 1-5-24 所示。

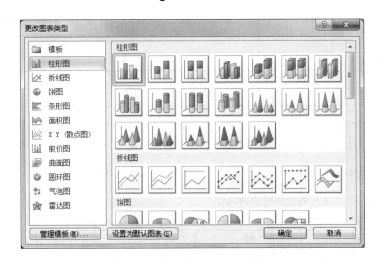

图 1-5-24　更改图标类型

【课堂练习】

练习内容：表格制作——毕业学员联合考核成绩统计表。

打开 Word 文档，按下列要求创建、设置统计表，并保存为"毕业学员联合考核成绩统计表.docx"。

操作要求：

(1) 自动插入表格。选择"插入"选项卡"表格"组中的"表格"按钮，在列表中选择插入如图 1-5-25 所示的 6 行 6 列的表格。

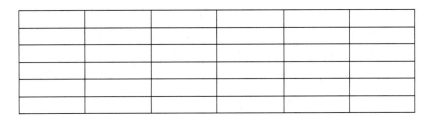

图 1-5-25　空白表格

(2) 合并单元格。合并 A1 和 A2 单元格、D1 和 E1 单元格，如图 1-5-26 所示。

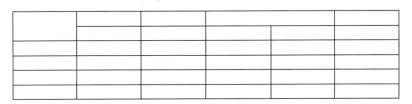

图 1-5-26　合并单元格

(3) 制作表头。利用"表格工具—设计"选项卡"绘图边框"组中的工具，绘制斜线表头，并设置行标题为"级别"，列标题为"队别"，字体大小为五号，如图 1-5-27 所示。

级别 队别				

图 1-5-27　绘制斜线表头

(4) 输入表的标题和表内容(注意输入特殊字符)，如图 1-5-28 所示。

XX 学院 XX 届毕业学员联合考核成绩统计

考核项目：5000 米跑

级别 队别	优秀 ≤19′	良好 ≤21′	及格 21′01″-22′00″	22′01″-23′00″	不及格 >23′
六队	1 人	19 人	44 人	66 人	4 人
七队	2 人	22 人	35 人	74 人	4 人
八队	3 人	49 人	50 人	19 人	7 人
总计					

图 1-5-28　输入表的标题和内容

(5) 设置表格标题为"四号"、"黑体"、"居中"；设置单元格文字对齐方式为"居中"；设置表格第 1、2 行第 1 列的标题字体加粗。

(6) 设置表格边框和底纹。表格外边框：全选表格，在表格边框和底纹属性框中选择"方框"，线型为"双线"，颜色为"深蓝"，单击表格外边框按钮。表格内单元格边框：线型为"单线"，颜色为"黑色"，单击表格内边框按钮。底纹：选中表格第 1 行，设置单元格底纹为"深青色"，字体颜色为"黄色"；选中表格第 2 行，设置单元格底纹为"青色"；选中表格第 3、4、5 行，设置单元格底纹为"浅绿"；选中表格第 6 行，设置单元格底纹为"浅黄"，如图 1-5-29 所示。

XX 学院 XX 届毕业学员联合考核成绩统计

考核项目：5000 米跑

级别 队别	优秀 ≤19′	良好 ≤21′	及格 21′01″-22′00″	22′01″-23′00″	不及格 >23′
六队	1 人	19 人	44 人	66 人	4 人
七队	2 人	22 人	35 人	74 人	4 人
八队	3 人	49 人	50 人	19 人	7 人
总计					

图 1-5-29　编辑、修饰表格

(7) 插入公式：在表格 B6 到 F6 单元格分别插入求和公式，如 B6 单元格中插入公式"=sum(B3:B5)"。

(8) 保存表格。

【知识扩展】

1．将文本转换成表格

在 Word 中，把需要转换成表格的文本用段落标记、逗号、制表符等隔开，其转换的具体操作步骤如下：

(1) 在文本中将要划分列的位置插入特定的分隔符后并选定。

(2) 单击"插入"选项卡"表格"组中的"表格"按钮，在下拉菜单中选择"文本转换成表格"命令，弹出如图 1-5-30 所示的"将文字转换成表格"对话框。

图 1-5-30　"将文字转换成表格"对话框

(3) 在"表格尺寸"区域中的"列数"微调框中输入转换后的列数，在"文字分隔位置"区域中选中所用的分隔符单选按钮。

(4) 单击"确定"按钮即可。

2．将表格转换成文本

将表格转换成文本的具体操作步骤如下：

(1) 选定要转换为文本的表格。

(2) 选择"表格工具—布局"选项卡"数据"组中的"转换为文本"命令，弹出"表格转换成文本"对话框，如图 1-5-31 所示。

图 1-5-31　"表格转换成文本"对话框

(3) 在"文字分隔符"区域中，选择所需要的字符作为替代列表框的分隔符。

(4) 单击"确定"按钮即可。

任务六 制作一份教案

【学习目标】

(1) 掌握设置样式和格式的方法。
(2) 学会使用项目符号和编号。
(3) 学会使用页面边框。
(4) 学会使用分页符、分节符。
(5) 掌握创建并更新目录的方法。
(6) 掌握进行字数统计的方法。

【相关知识】

样式：样式是一组设置好的字符格式或者段落格式，它规定了文档中标题以及正文等各个文本元素的形式。样式中的所有格式可以直接设置应用于一个段落或者段落中选定的字符上，而不需要重新进行具体的设置。

项目符号和编号：在文本中添加项目符号，可以通过单击"开始"选项卡"段落"组中的"项目符号"按钮来执行操作。

页面设置：在文档编辑完成后，需要将其进行输出，在输出之前，必须对编辑好的文档页面进行编辑和格式化，再对文档的页面布局进行合理的设置，才不会影响输出效果。

【任务说明】

为了适应军队训练的发展和职务的需要，部队需要培养一批"四会"教练员。教案的编写是"四会"教学法中不可缺少的一部分。在 Word 中利用样式设置文本格式、插入和修改页码、设置目录样式等基本操作和技巧可以快速完成教案、论文、书稿等长文档的格式设置。本任务制作了一堂课的教案，最终效果如图 1-6-1 所示。

任务的设计如下：

(1) 打开 Word 文档"教案"原文，利用样式和格式设置文档格式。
(2) 设置一级标题项目符号为"一、""二、"…，二级标题项目符号为"（一）""（二）"…。
(3) 在文档首页前插入空白页，并在空白页建立文档目录。
(4) 在页面底端插入页码，页码居中对齐，起始页码数字为"0"，并且首页不显示页码，页码格式为"-1-""-2-"…。
(5) 更新目录。
(6) 为整篇文档添加"颜色为灰色-25%"、"宽度为 7 磅"、"艺术型为五角星"的页面边框。
(7) 统计整篇文档的字数。
(8) 保存文档。

(9) 任务的最终效果如图 1-6-1 所示。

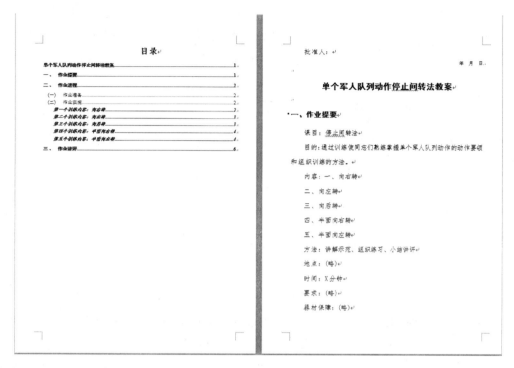

图 1-6-1　"教案"的样文效果

【任务实施】

打开原文"任务六\教案.docx",在此文档中进行以下操作。

一、样式和格式设置

操作要求:

(1) 设置文档标题"单个军人…教案",字体为"黑体",字号为"小二",对齐方式为"居中"。

(2) 将"作业提要""作业进程""作业讲评"设置为"标题 1",要求字体为"黑体",字号为"三号"。

(3) 将"作业准备""作业实施"设置为"标题 2",要求字体为"黑体",字号为"四号"。

(5) 将"第一个训练内容:向右转""第二个训练内容:向左转"…"第五个训练内容:半面向左转"设置为标题 3,要求字体为"仿宋",字号为"四号",首行缩进 2 个字符。

(5) 将正文设置字体为"仿宋",字号为"四号",首行缩进 2 个字符。

操作步骤:

(1) 选中标题行"单个军人…教案",单击"开始"选项卡"样式"组中的"其他"按钮，在展开的样式库列表中选择"将所选内容保存为新快速样式"，如图 1-6-2 所示。按要求设置新标题样式为"黑体"字体，"小二"字号，"居中"对齐方式，如图 1-6-3 所示。

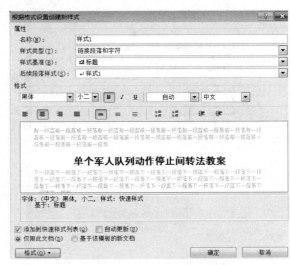

图 1-6-2　样式库列表　　　　　　　　　　　图 1-6-3　创建新样式

(2) 选中"作业提要"行，在"样式"中选择要应用的格式"标题 1"；在"字体"组"字体"列表中选择"黑体"，在"字号"列表中选择"三号"。

(3) 在"剪贴板"组中双击"格式刷"按钮 ，此时指针旁边就有一个刷子图案。依次单击"作业进程"一行、"作业讲评"一行，这两行就被设置成"标题 1"的格式。再次单击"格式刷"按钮，可释放格式刷工具。

(4) 选择"作业准备"一行，在"样式和格式"对话框中选择"标题 2"格式，按照操作要求设置"标题 2"格式，然后参照步骤(3)，利用格式刷设置"作业实施"为"标题 2"格式。当然也可同时选中"作业准备"、"作业实施"行，然后单击"样式和格式"对话框中的"标题 2"，一起设置格式。

(5) 按照操作要求设置格式"标题 3"，重复前面几步的操作即可。

(6) 在"样式"组中单击"将所选内容保存为新快速样式"，如图 1-6-4 所示，选择"修改"，设置正文字体为"仿宋"，字号为"四号"，选择"格式"菜单中"段落"设置首行缩进 2 个字符，最终效果如图 1-6-5 所示。

图 1-6-4　设置"标题"样式和格式对话框

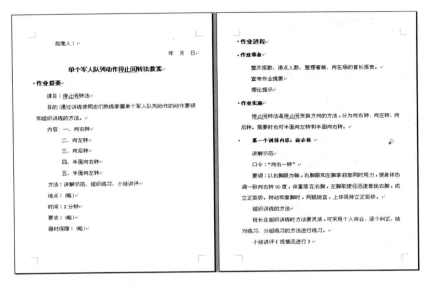

图 1-6-5　样式和格式设置后的效果

二、添加项目符号和编号

操作要求：

设置一级标题项目符号为"一、""二、"…，二级标题项目符号为"（一）""（二）"…。

操作步骤：

（1）选中所有的一级标题。单击"开始"选项卡"段落"组中的"编号"按钮右边下拉菜单，打开"编号"下拉菜单，在此对话框中的"编号"选项卡页面中，选择"一、""二、"…编号样式，然后单击"确定"，如图 1-6-6 所示。

（2）选择所有"标题 2"。同步骤（1），在"段落"组的"编号"中，选择"（一）""（二）"…编号样式。设置后的效果如图 1-6-7 所示。

图 1-6-6　编号下拉菜单

图 1-6-7　设置标题编号后的效果

三、插入分页符和分节符

操作要求：

(1) 在文档首页前插入分页符。

(2) 在目录页的末尾加入分节符。

操作步骤：

(1) 将光标置于文档首行前，切换到"页面布局"选项卡，单击"页面设置"组中的"分隔符"按钮，在弹出的列表中选择"分页符"命令，如图 1-6-8 所示，即可在首页前插入空白页，如图 1-6-9 所示。

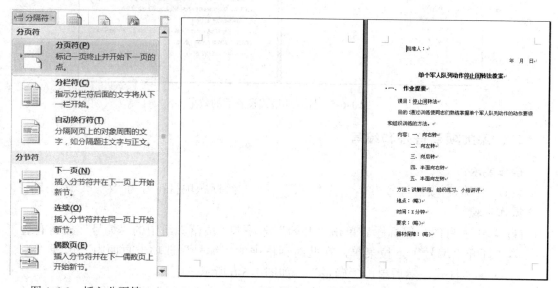

图 1-6-8　插入分页符　　　　　　　　图 1-6-9　插入空白页的效果

(2) 在空白页输入文字"目录"，将插入点定位于文字"目录"后，在"页面布局"选项卡"页面设置"组中单击"分隔符"按钮，在弹出的列表中选择"下一页"命令，就可自动将所有的正文移至下一页，同目录页分开，如图 1-6-10 所示。

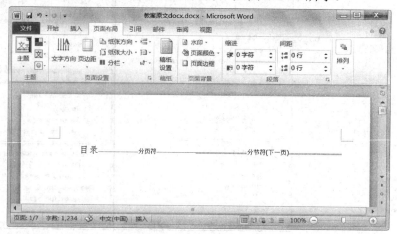

图 1-6-10　插入分节符

(3) 如果页面没有显示分页符和分节符,可以在"文件"菜单中选择"选项"命令,打开"Word 选项"对话框,在左侧列表中选择"显示"选项,选中"显示所有格式标记"复选框,单击"确定"即可,如图 1-6-11 所示。如果要删除分页符或分节符,只需将插入点定位在分页符或分节符之前(或者直接用鼠标选中分页符或分节符),然后按"Delete"键即可。

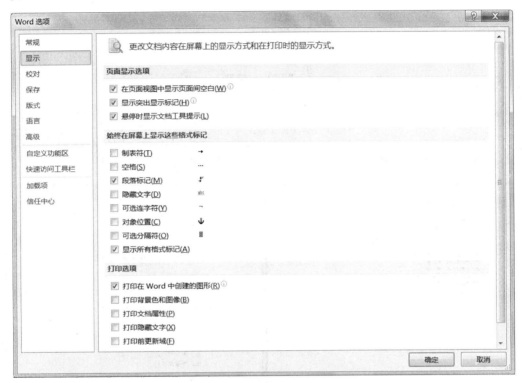

图 1-6-11 设置分页符和分节符的显示

四、创建目录

操作要求:

(1) 创建三级目录。

(2) 对目录和正文分别进行页面设置。

(3) 对目录进行更新。

操作步骤:

(1) 将光标定位在文本"目录"后,然后按回车键。

(2) 切换到"引用"选项卡,单击"目录"组中的"目录"按钮,在列表中选择"插入目录"命令,如图 1-6-12 所示。

(3) 打开"目录"对话框,选中"目录"选项卡,将"常规"中"显示级别"调整为"3",选中"打印预览"区中"显示页码"和"页码右对齐"复选框,单击"确定"按钮,如图 1-6-13 所示,即可在文档中插入三级标题的目录,如图 1-6-14 所示。插入目录后,只需按"Ctrl"键,再单击目录中的某个页码,就可以将插入点快速跳转到该页的标题处。

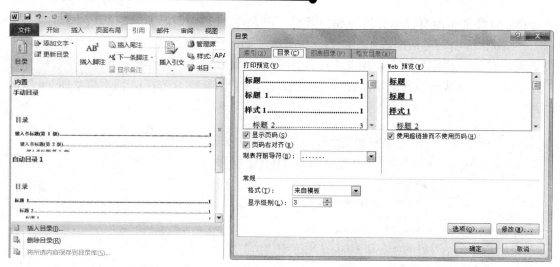

图 1-6-12 目录列表图   图 1-6-13 目录对话框

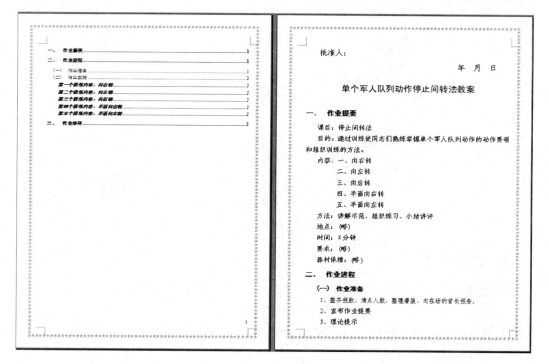

图 1-6-14 三级标题的目录

(4) 为了保证目录页码和正文页码有所区别，并且目录中正文的页码从第 1 页开始，可以进行如下操作。

① 将插入点置于目录页任意位置，切换到"插入"选项卡，单击"页眉页脚"组中的"页码"按钮，在菜单中选择"页面底端"列表中的"普通数字 2"，如图 1-6-15 所示。双击目录页中生成的页码，弹出"页眉和页脚工具—设计"选项卡，单击"页眉页脚"组中的"页码"按钮，在菜单中选择"设置页码格式"命令，打开"页码格式"对话框，如图 1-6-16 所示，设置编号格式为罗马数字格式，其他选项默认。

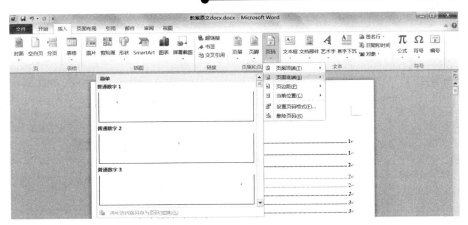

图 1-6-15 在页脚插入居中页码

图 1-6-16 设置目录页码格式

② 双击正文中第 1 页的页脚，弹出"页眉和页脚工具"选项卡，单击"页眉页脚"组中的"页码"按钮，在菜单中选择"设置页码格式"命令，在打开的"页码格式"对话框中，设置编号格式为阿拉伯数字格式，并且将页码编号的"起始页码"设置为"1"。

(5) 创建完目录后，可以像编辑普通文本一样进行字体、字号和段落设置，让目录更为美观。

(6) 如果对正文文档中的内容进行编辑和修改，标题和页码都可能发生变化，与原始目录中的页码不一致，此时需要更新目录，以保证目录页中页码的正确性。要更新目录，可以先选择整个目录，然后在目录任意处单击鼠标右键，在弹出的菜单中选择"更新域"命令，打开"更新目录"对话框进行设置，如图 1-6-17 所示。如果只更新页码，而不想更新已直接应用于目录的格式，可以选中"只更新页码"单选按钮；如果在创建目录后，对文档又做了修改，可以选中"更新整个目录"单选按钮，将整个目录进行更新。

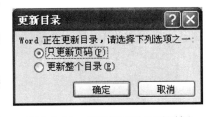

图 1-6-17 "更新目录"对话框

五、添加页面边框

为页面添加边框，可以美化页面。

操作要求：

为整篇文档添加"颜色为灰色-25%"、"宽度为 7 磅"、"艺术型为五角星"的页面边框。

操作步骤：

(1) 切换到"页面布局"选项卡，单击"页面背景"组中的"页面边框"命令，打开"边框和底纹"对话框，选择"页面边框"选项卡进行设置。设置边框图像艺术型为五角星，边框宽度为"7 磅"，边框颜色选择"灰度-25%"，如图 1-6-18 所示。

图 1-6-18 "边框和底纹"对话框

(2) 设置完成后，单击"确定"按钮，效果如图 1-6-19 所示。

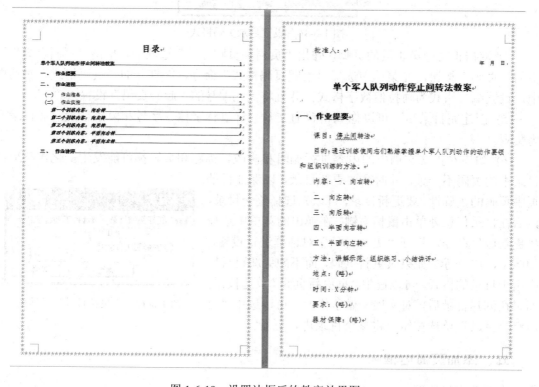

图 1-6-19 设置边框后的教案效果图

六、统计字数

操作要求：

统计整篇文档字数。

操作步骤：

切换到"审阅"选项卡，单击"校对"组中的"字数统计"命令，在打开的"字数统计"对话框中即显示了关于文档字数的统计信息，如图1-6-20所示。

图1-6-20　"字数统计"对话框

七、保存文档

文档设置完成后，单击"文件"菜单中的"保存"命令，或单击"快速访问工具栏"中的"保存"按钮，保存修改后的文档。

【课堂练习】

练习内容：《计算机基础》教材目录的生成。

样文如图1-6-21所示。

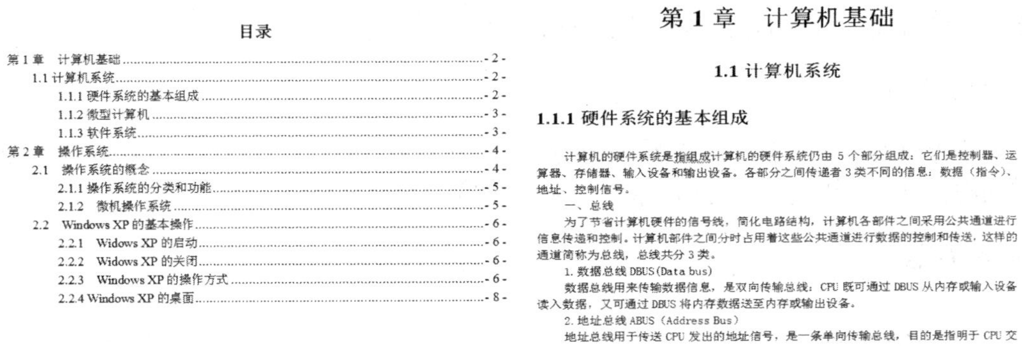

第1章　计算机基础

1.1 计算机系统

1.1.1 硬件系统的基本组成

计算机的硬件系统是指组成计算机的硬件系统仍由5个部分组成；它们是控制器、运算器、存储器、输入设备和输出设备。各部分之间传递着3类不同的信息：数据（指令）、地址、控制信号。

一、总线

为了节省计算机硬件的信号线，简化电路结构，计算机各部件之间采用公共通道进行信息传递和控制，计算机部件之间分时占用着这些公共通道进行数据的控制和传送，这样的通道简称为总线，总线共分3类。

1. 数据总线 DBUS(Data bus)

数据总线用来传输数据信息，是双向传输总线，CPU既可通过DBUS从内存或输入设备读入数据，又可通过DBUS将内存数据送至内存或输出设备。

2. 地址总线 ABUS（Address Bus）

地址总线用于传送CPU发出的地址信号，是一条单向传输总线，目的是指明于CPU交

图1-6-21　目录生成样文

操作要求：

(1) 利用"样式"设置标题格式。

① 将"第1章…"、"第2章…"这2行文字设置格式为"标题1"，并"居中"对齐。

② 将各章中各节 "1.1…"、"2.1…" 和 "2.2…" 等 3 行文字设置格式为 "标题 2"，并 "居中" 对齐。

③ 将各节中 "1.1.1…" 等 9 行文字格式设置为 "标题 3"。

(2) 为文档插入页码，并设置其格式为："居中"，"-1-"。

(3) 为文档插入一个三级标题的目录。

任务七　文档的保护与转换

【学习目标】

(1) 会加密文档。

(2) 会利用只读方式保护文档。

(3) 会保护正文部分。

(4) 会将文档转换为 Word 2003 格式。

(5) 会将文档转换为 html 格式。

(6) 会将文档转换为 PDF 格式。

【相关知识】

加密：有些资料文件不希望别人查看，这时就需要对文档进行加密。

只读：想供其他人查看，但又不希望他人修改。

保护正文：在一些固定格式的文档中，希望用户在多个指定区域填写或者选择部分列表项目时，这些可编辑区域可以通过内容控件来限制用户在一个或者多个范围内进行有限编辑，从而达到保护文档的效果。

Word 文档的转换：由于 Word 版本不同，或者系统所安装字体、打印机的不同等原因，往往会丢失一些格式。这时如果希望完整地保留 Word 文档原有的版式，可以直接将文档转换为其他格式，如 Word 2003 格式、html 格式或 PDF 格式。

【任务说明】

为防止他人盗用文档或任意修改排版过的文档，这时可以对文档进行保护操作，如为文档加密、以只读方式保护文档、保护文档的部分正文内容等。

【任务实施】

一、加密文档

(1) 启动 Word 2010 应用程序，打开 "新浪简介" 文档。

(2) 单击 "文件" 按钮，从弹出的菜单中选择 "信息" 命令，在右侧的窗格中单击 "保护文档" 下拉菜单按钮，从弹出的下拉菜单中选择 "用密码进行加密" 命令，如图 1-7-1 所示。

图 1-7-1 文件菜单

(3) 打开"加密文档"对话框,在"密码"文本框中输入密码"123",单击"确定"按钮,如图 1-7-2 所示。

图 1-7-2 "加密文档"对话框

(4) 打开"确认密码"对话框,在"重新输入密码"文本框中再次输入"123",单击"确定"按钮,如图 1-7-3 所示。

图 1-7-3 "确认密码"对话框

(5) 返回至 Word 2010 窗口,显示如图 1-7-4 所示的权限信息。如果要为文档设置修改密码,单击"文件"按钮,从弹出的菜单中选择"另存为"命令,打开"另存为"对话框。单击"工具"按钮,从弹出的快捷菜单中选择"常规选项"命令,如图 1-7-5 所示。打开

"常规选项"对话框,如图1-7-6所示,在"修改文件时的密码"文本框中输入密码,单击"确定"按钮即可。设置密码后,如果打开时不输入正确的密码,则无法查看和修改文档。

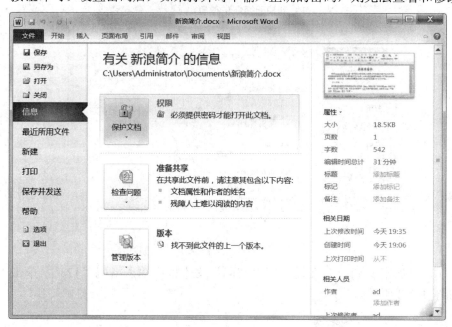

图1-7-4 文件权限信息

图1-7-5 选择"常规选项"命令

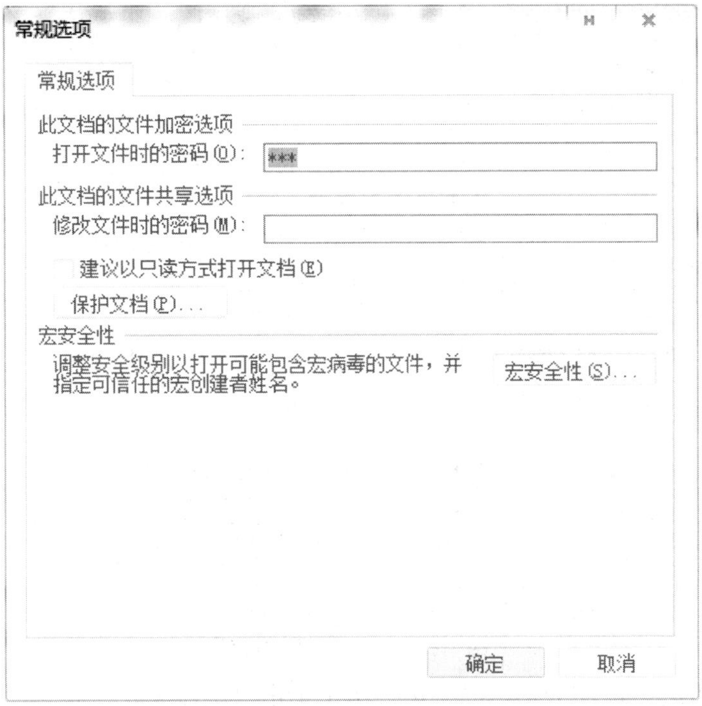

图 1-7-6　"常规选项"对话框

二、只读方式保护文档

(1) 启动 Word 2010 应用程序，打开"新浪简介"文档。

(2) 单击"文件"按钮，从弹出的菜单中选择"另存为"命令，打开"另存为"对话框。单击"工具"按钮，从弹出的快捷菜单中选择"常规选项"命令，如图 1-7-5 所示。

(3) 打开"常规选项"对话框，如图 1-7-6 所示，选中"建议以只读方式打开文档"复选框，单击"确定"按钮。

(4) 保存文档后，当再次打开该文档时，将弹出如图 1-7-7 所示的信息提示框，单击"是"按钮，文档将以只读方式打开，并在标题栏上显示文字"只读"。

图 1-7-7　信息提示框

三、保护正文部分

(1) 启动 Word 2010 应用程序，打开"新浪简介"文档。

(2) 打开"开发工具"选项卡，在"控件"组中单击"纯文本内容控件"按钮，在控件中输入内容"保护"，如图 1-7-8 所示。

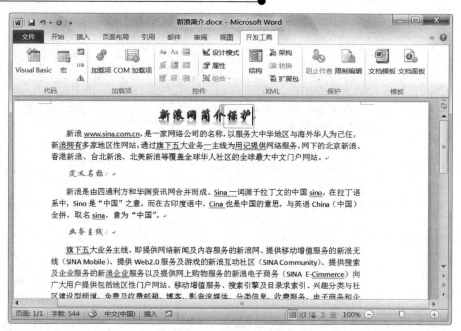

图 1-7-8 纯文本内容控件

(3) 打开"审阅"选项卡,在"保护"组中单击"限制编辑"按钮,打开"限制格式和编辑"任务窗格,选中"仅允许在文档中进行此类型的编辑"复选框,在其下拉列表框中选择"填写窗体"选项,单击"是,启动强制保护"按钮,如图 1-7-9 所示。

(4) 打开"启动强制保护"对话框,单击"密码"按钮,在"新密码"和"确定新密码"文本框中输入密码"123",然后单击"确定"按钮,如图 1-7-10 所示。

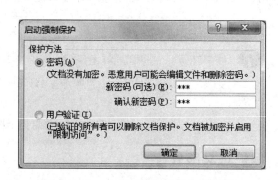

图 1-7-9 "限制格式和编辑"窗格   图 1-7-10 "启动强制保护"对话框

(5) 文档被强制保护后,在"限制格式和编辑"任务窗格中显示如图 1-7-11 所示的权限信息。此时,在文档中只能编辑控件区域,其他内容处于不可编辑状态。

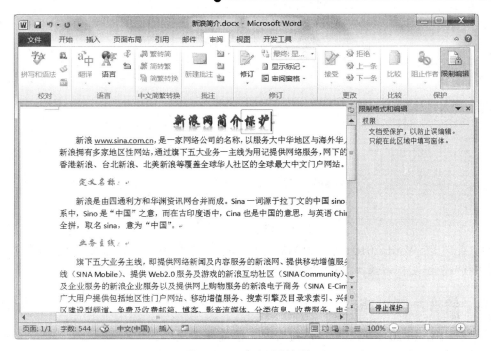

图 1-7-11　启动强制保护

此外，用户还可以使用设置例外项的方法来保护文档。

选中指定编辑区域，打开"限制格式和编辑"任务窗格，选中"仅允许在文档中进行此类型的编辑"复选框，在其下的下拉列表框中选择"不允许任何更改(只读)"选项，在"组"列表框中选中"每个人"复选框，单击"是，启动强制保护"按钮，打开"启动强制保护"对话框，输入保护密码，单击"确定"按钮，文档即可被强制保护。

四、转换为 Word 2003 格式

(1) 启动 Word 2010 应用程序，打开"新浪简介"文档。

(2) 单击"文件"按钮，从弹出的菜单中选择"另存为"对话框，如图 1-7-12 所示，在"保存类型"下拉列表中选择"Word 97-2003 文档"选项，设置保存路径后，单击"保存"按钮。

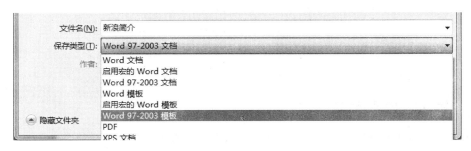

图 1-7-12　保存类型列表

(3) 此时，会弹出"Microsoft Word 兼容性检查器"对话框，显示有些文字效果将被删除的信息，单击"继续"按钮，如图 1-7-13 所示。

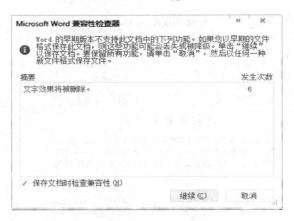

图 1-7-13　兼容性检查器

(4) 此时在 Word 2010 窗口的标题栏中显示"兼容模式"，说明文档已经被转换成 Word 2003 格式(文档后缀为.doc)。

五、转换为 html 格式

(1) 启动 Word 2010 应用程序，打开"新浪简介"文档。

(2) 单击"文件"按钮，从弹出的菜单中选择"另存为"命令，打开"另存为"对话框，在"保存类型"下拉列表框中选择"网页"选项，设置保存路径后，单击"保存"按钮，即可将文档转换为网页形式。在保存路径中双击网页文件，自动启动网络浏览器打开转换后的网页文件，如图 1-7-14 所示。

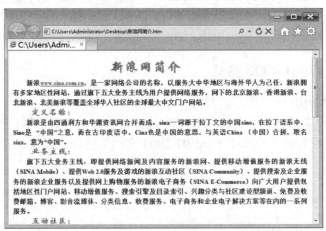

图 1-7-14　网页形式

六、转换为 PDF 格式

(1) 启动 Word 2010 应用程序，打开"新浪简介"文档。

(2) 单击"文件"按钮，从弹出的菜单中选择"另存为"命令，打开"另存为"对话框，在"保存类型"下拉列表框中选择 PDF 选项，设置保存路径后，单击"保存"按钮，即可将文档转换为 PDF 格式。在保存路径中双击该 PDF 文件，自动启动 PDF 阅读器打开创建好的 PDF 文档，如图 1-7-15 所示。

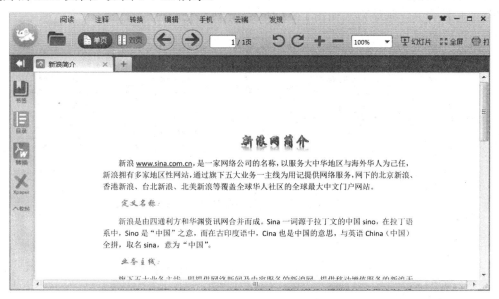

图 1-7-15　PDF 格式文档

任务八　邮 件 合 并

【学习目标】

(1) 会选择数据源。
(2) 会创建主文档。
(3) 会合并文档。

【相关知识】

邮件合并：Word 的高级应用之一。在 Office 中，先建立两个文档：一个包括所有文件共有内容的主文档(比如未填写的信封等)和一个包括变化信息的数据源(填写的收件人、发件人、邮编等)，然后使用邮件合并功能在主文档中插入变化的信息，合成后的文件可以保存为 Word 文档，也可以打印出来或通过邮件形式发出去。

主文档：指在 Word 的邮件合并操作中，所含文本和图形与合并文档的每个版本都相同的文档。例如，套用信函中的寄信人地址和称呼。

数据源：指数据来源，在邮件合并中是一个由变化信息构成的标准二维数表。

【任务说明】

邮件合并是 Word 的一项高级功能，能够在任何需要大量制作模板化文档的场合大显身手。用户可以借助邮件合并功能来批量处理电子邮件，如通知书、邀请函、明信片、准考证、成绩单、毕业证、考试桌签等，从而提高办公效率。邮件合并是将作为邮件发送的文档与收信人信息组成的数据源合并在一起，组成完整的邮件。本任务将要完成"考试成绩单"的邮件合并，最终效果如图 1-8-1 所示。

2017—2018 学年第 1 学期期末考试各科成绩表			
学号：4357001		姓名：张晓军	
科目	成绩	科目	成绩
高等数学	60	大学英语	80
计算机基础	82	应用文写作	65
实用办公软件	60	计算机网络	86
总分	433	名次	第 24 名

学生成绩管理办公室

2017—2018 学年第 1 学期期末考试各科成绩表			
学号：4357002		姓名：王林平	
科目	成绩	科目	成绩
高等数学	59	大学英语	62
计算机基础	77	应用文写作	85
实用办公软件	71	计算机网络	77
总分	431	名次	第 26 名

学生成绩管理办公室

图 1-8-1　考试成绩单邮件合并效果图

【任务实施】

打开"任务八\邮件合并"文件夹，在此文件夹中实现如下任务。

一、准备数据源

数据源可以是 Excel 工作表、Access 文件，还可以是 SQL Server 数据库。这里以 Excel 为例完成本任务。

图 1-8-2 是一个名为"成绩统计表"的 Excel 文件，工作表"考试成绩"中有 38 名学生的考试成绩，数据字段包括：姓名、学号、六门课成绩、总分、平均分以及名次。我们的任务就是按照主文档样式打印出"考试成绩表"。

图 1-8-2　数据源

二、创建主文档

主文档中包含了基本的文本内容，这些文本内容在所有输出文档中都相同。创建如图 1-8-3 所示的 Word 文档，保存为"成绩单主文档.docx"。

图 1-8-3 主文档

三、邮件合并

打开"成绩单主文档.docx",切换到"邮件"选项卡,单击"开始邮件合并"按钮,在弹出菜单中选择"信函",如图 1-8-4 所示。开始进行邮件合并。

图 1-8-4 "开始邮件合并"菜单

1. 设置数据源

1) 选择收件人

单击"邮件"组中的"选择收件人"按钮,弹出如图 1-8-5 所示菜单。菜单中有三个选项,显示有三种途径设置数据源。

图 1-8-5 "选择收件人"菜单

(1) "键入新列表"选项：如果没有数据列表，需要新建的话，就选择这一项。

(2) "使用现有列表"选择：如果有数据列表，且数据表为 Excel 表、Access 文件或是 SQL Server 数据库，就选择这一项。

(3) "从 Outlook 联系人中选择"选项：如果没有数据列表，但是计算机中装有 Outlook 并设置了联系人，可以选择这一选项。

这里，我们选择"使用现有列表"选项，弹出"选取数据源"对话框，如图 1-8-6 所示，选择准备好的数据源"成绩统计表.xlsx"，单击"打开"按钮。对话框关闭后，又弹出"选择表格"对话框，如图 1-8-7 所示，这里将列出数据源文件中包含的所有数据表，选择需要的数据表"考试成绩"，单击"确定"按钮后，数据源选择完毕。

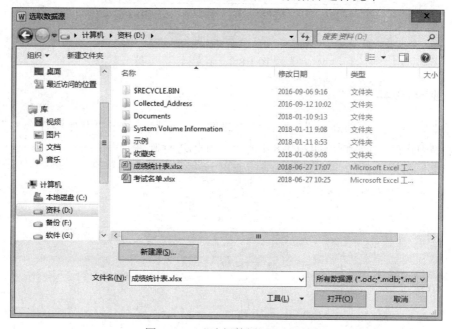

图 1-8-6 "选择数据源"对话框

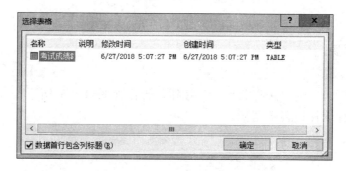

图 1-8-7 "选择表格"对话框

2) 编辑收件人列表

单击"邮件"组中的"编辑收件人列表"按钮，弹出如图 1-8-8 所示的"邮件合并收件人"对话框。在此对话框中，可以对收件人进行编辑，可以调整收件人列表。

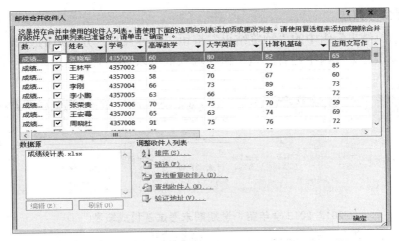

图 1-8-8　"邮件合并收件人"对话框

2. 插入合并域

将光标定位到主文档中的"学号："后面，单击"编写和插入域"组中的"插入合并域"按钮，弹出如图 1-8-9 所示的菜单。菜单中列出了数据源中的所有字段，这里选择对应的"学号"即可将学号数据插入到主文档中，如图 1-8-10 所示。

2017-2018 学年第 1 学期期末考试各科成绩表

学号：《学号》　　　　　　　　姓名：

科目	成绩	科目	成绩
高等数学		大学英语	
计算机基础		应用文写作	
实用办公软件		计算机网络	
总分		名次	第　名

学生成绩管理办公室

图 1-8-9　"插入合并域"菜单　　　　　　　　图 1-8-10　插入学号域后的结果

用同样的方法，将其他数据插入到主文档相应的位置，得到如图 1-8-11 所示的结果。

2017-2018 学年第 1 学期期末考试各科成绩表

学号：《学号》　　　　　　　　姓名：《姓名》

科目	成绩	科目	成绩
高等数学	《高等数学》	大学英语	《大学英语》
计算机基础	《计算机基础》	应用文写作	《应用文写作》
实用办公软件	《实用办公软件》	计算机网络	《计算机网络》
总分	《总分》	名次	第《名次》名

学生成绩管理办公室

图 1-8-11　插入合并域后的结果

3. 查看合并数据

单击"预览结果"组中的"预览结果"按钮，即可查看合并之后的数据，如图 1-8-12 所示。在"预览结果"组中还有一些按钮和输入框可以查看上一记录、下一记录和指定的记录。

图 1-8-12 查看合并数据

4. 完成合并

单击"完成"组中的"完成并合并"按钮，弹出如图 1-8-13 所示的菜单。菜单中有三个选项，如果需要直接打印，就选择"打印文档"选项；如果要发送电子邮件，则选择"发送电子邮件"选项；在本任务中，我们需要把这些合并信息输出到一个 Word 文档中，所以选择"编辑单个文档"选项，弹出如图 1-8-14 所示的"合并到新文档"对话框，选择需要合并的记录，我们需要所有学生的成绩单，就选择"全部"，单击"确定"后，邮件合并完成。单击保存，将文件命名为"考试成绩单"，如图 1-8-15 所示。

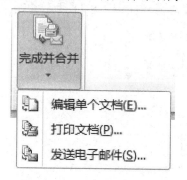

图 1-8-13 "完成并合并"菜单

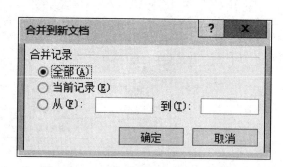

图 1-8-14 "合并到新文档"对话框

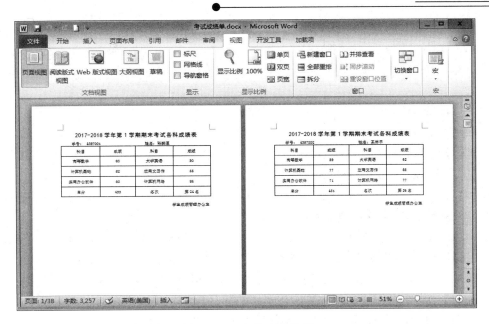

图 1-8-15　邮件合并结果

【课堂练习】

练习内容：创建"准考证邮件合并.docx"，效果如图 1-8-16 所示。

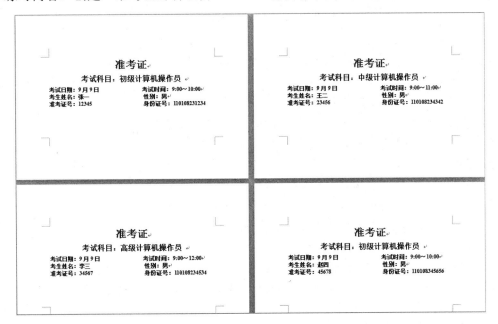

图 1-8-16　准考证邮件合并

操作要求：

(1) 主文档：准考证主文档.docx。

(2) 数据源：准考证地址.docx。

习　题

一、选择题

1. 中文 Word 2010 是(　　)。

A．文字编辑软件　　　B．系统软件　　　　　C．硬件　　　　　　D．操作系统

2. 中文 Word 2010 运行的环境是(　　)。

A．DOS　　　　　　　B．Office　　　　　　　C．WPS　　　　　　D．Windows

3. 新建 Word 文档的快捷键是(　　)。

A．Ctrl + N　　　　　B．Ctrl + O　　　　　　C．Ctrl + C　　　　D．Ctrl + S

4. 想打开最近使用过的 Word 文档，以下不能打开指定文档的方法是(　　)。

A．单击"Office"菜单中的"打开"命令，在弹出的对话框中双击文件名

B．直接使用组合键"Ctrl + O"，在弹出的对话框中双击文件名

C．单击"Office"菜单中的"最近使用的文档"中的文件名

D．直接按字母键 O

5. 以下不能够直接退出 Word 2010 的方法是(　　)。

A．单击"标题栏"右侧的"关闭"按钮

B．直接使用组合键"Alt + F4"

C．单击"Office"菜单中的"退出 Word"按钮

D．按"Esc"键

6. Word 2010 文档默认使用的扩展名是(　　)。

A．RTF　　　　　　　B．TXT　　　　　　　　C．DOCX　　　　　D．DOTX

7. 在 Word 2010 中，默认的视图方式是(　　)。

A．页面视图　　　　　B．Web 版式视图　　　　C．大纲视图　　　　D．普通视图

8. 在 Word 2010 中，要删除已选定的文本内容应按(　　)键。

A．Alt　　　　　　　B．Ctrl　　　　　　　　C．Shift　　　　　D．Delete

9. 在 Word 2010 中，保存文档是(　　)操作。

A．选择"文件"菜单中的"保存"和"另存为"命令

B．按住"Ctrl"键并选择"文件"菜单中的"全部保存"命令

C．直接选择文件菜单中的"Ctrl + C"命令

D．按住"Alt"键，并选择"文件"菜单中的"全部保存"命令

10. 如果用户想保存一个正在编辑的文档，但希望以不同文件名存储，可用(　　)命令。

A．保存　　　　　　　B．另存为　　　　　　　C．比较　　　　　　D．限制编辑

11. 下面对 Word 编辑功能的描述中(　　)错误的。

A．Word 可以开启多个文档编辑窗口

B．Word 可以插入多种格式的系统时期、时间到插入点位置

C．Word 可以插入多种类型的图形文件

D．使用"编辑"菜单中的"复制"命令可将已选中的对象拷贝到插入点位置

12．在使用 Word 2010 进行文字编辑时，下面叙述中(　　)错误的。

A．Word 可将正编辑的文档另存为一个纯文本(TXT)文件

B．使用"文件"菜单中的"打开"可以打开一个已存在的 Word 文档

C．打印预览时，打印机必须是已经开启的

D．Word 允许同时打开多个文档

13．在 Word 中，如果要在文档中层叠图形对象，应执行(　　)操作。

A．"绘图"工具栏中的"叠放次序"命令

B．"绘图"工具栏"绘图"菜单中的"叠放次序"命令

C．"图片"工具栏中的"叠放次序"命令

D．"格式"工具栏中的"叠放次序"命令

14．能显示页眉和页脚的方式是(　　)。

A．普通视图　　　　　　B．页面视图　　　　　　C．大纲视图　　　　　　D．全屏幕视图

15．在 Word 中，如果要使图片周围环绕文字应选择(　　)操作。

A．"绘图"工具栏中"文字环绕"列表中的"四周环绕"

B．"图片"工具栏中"文字环绕"列表中的"四周环绕"

C．"常用"工具栏中"文字环绕"列表中的"四周环绕"

D．"格式"工具栏中"文字环绕"列表中的"四周环绕"

16．将插入点定位于句子"飞流直下三千尺"中的"直"与"下"之间，按一下"Del"键，则该句子(　　)。

A．变为"飞流下三千尺"　　　　　　　　　　B．变为"飞流直三千尺"

C．整句被删除　　　　　　　　　　　　　　D．不变

17．在 Word 2010 中，对表格添加边框应执行(　　)操作。

A．"页面布局"功能区"页面边框"对话框中的"边框"标签项

B．"表格"菜单"边框和底纹"对话框中的"边框"标签项

C．"工具"菜单"边框和底纹"对话框中的"边框"标签项

D．"插入"菜单"边框和底纹"对话框中的"边框"标签项

18．要删除单元格，正确的是(　　)。

A．选中要删除的单元格，按"Del"键

B．选中要删除的单元格，按"剪切"按钮

C．选中要删除的单元格，使用"Shift + Del"

D．选中要删除的单元格，使用右键的"删除单元格"

19．Word 2010 的页边距可以通过(　　)设置。

A．"页面"视图下的"标尺"

B．"格式"菜单下的"段落"

C．"文件"菜单下"打印"选项里的"页面设置"

D．"工具"菜单下的"选项"

20．Word 2010 在编辑一个文档完毕后，要想知道它打印后的结果，可使用(　　)功能。

A．打印预览 　　　　B．模拟打印 　　　　C．提前打印 　　　　D．屏幕打印

21．在 Word 中，若要删除表格中的某单元格所在行，则应选择"删除单元格"对话框中(　　)。

A．右侧单元格左移 　B．下方单元格上移 　C．整行删除 　　　　D．整列删除

22．下面有关 Word 2010 表格功能的说法不正确的是(　　)。

A．可以通过表格工具将表格转换成文本 　　　B．表格的单元格中可以插入表格

C．表格中可以插入图片 　　　　　　　　　　D．不能设置表格的边框线

23．在 Word 中，如果在输入的文字或标点下面出现红色波浪线，表示(　　)，可用"审阅"功能区中的"拼写和语法"来检查。

A．拼写和语法错误 　B．句法错误 　　　　C．系统错误 　　　　D．其他错误

24．在 Word 2010 中，与"打印预览"显示效果基本相同的视图方式是(　　)。

A．普通视图 　　　　　　　　　　　　　　　B．大纲视图

C．页面视图 　　　　　　　　　　　　　　　D．主控文档视图

25．在 Word 2010 编辑状态下，利用(　　)可快速、直接调整文档的左右边界。

A．功能区 　　　　　B．工具栏 　　　　　C．菜单 　　　　　　D．标尺

26．如果希望在 Word 2010 窗口中显示标尺，应勾选"视图"选项卡(　　)组中的"标尺"选项。

A．显示/隐藏 　　　　B．窗口 　　　　　　C．文档视图 　　　　D．显示比列

27．在 Word 2010 中，对已经输入的文档设置首字下沉，需要使用的组是(　　)。

A．校对 　　　　　　B．文本 　　　　　　C．页面设置 　　　　D．段落

28．在 Word 2010 中，执行命令有多种方法，其中激活"快捷菜单"的方法是(　　)。

A．单击鼠标左键 　　　　　　　　　　　　　B．单击鼠标右键

C．双击鼠标左键 　　　　　　　　　　　　　D．双击鼠标右键

29．Word 2010 中的"替换"操作在(　　)选项卡中。

A．开始 　　　　　　B．页面布局 　　　　C．插入 　　　　　　D．视图

30．在 Word 2010 的编辑状态下，单击"剪切"命令按钮后(　　)。

A．被选定的内容将移动到剪贴板上 　　　　B．被选定的内容将移动到插入点

C．剪贴板中的内容将复制到插入点 　　　　D．剪贴板中的内容将移动到插入点

31．在 Word 2010 的编辑状态，打开文档 A，修改后另存为了 B，则文档 A(　　)。

A．被文档 B 覆盖 　　　　　　　　　　　　B．被修改未关闭

C．被修改并关闭 　　　　　　　　　　　　D．未修改被关闭

32．在 Word 2010 编辑状态，执行快速访问工具中的(　　)命令，可恢复刚删除的文本。

A．撤销 　　　　　　B．清除 　　　　　　C．复制 　　　　　　D．粘贴

33．在 Word 2010 中，使用(　　)组中的工具可以插入艺术字。

A．表格 　　　　　　B．插图 　　　　　　C．文本 　　　　　　D．符号

34．在 Word 2010 中，"页眉和页脚"组在(　　)选项卡中。

A．开始 　　　　　　B．插入 　　　　　　C．页面布局 　　　　D．视图

35．Word 2010 提供的"分栏"命令在(　　)选项卡中。

　　A．开始　　　　　　　B．插入　　　　　　　C．页面布局　　　　　D．视图

36．在 Word 2010 中，"表格"组在(　　)选项卡中。

　　A．开始　　　　　　　B．插入　　　　　　　C．页面布局　　　　　D．视图

37．在 Word 2010 的表格编辑状态中，若选定整个表格后按下"Delete"键，则(　　)。

　　A．删除了整表　　　　　　　　　　　　B．仅删除了表格中的内容

　　C．没有变化　　　　　　　　　　　　　D．将表格转换成为文本

38．在 Word 2010 的编辑窗口中，使用(　　)选项卡下的"插图"组，可以插入来自剪贴画或图片文件的图形。

　　A．开始　　　　　　　B．页面布局　　　　　C．插入　　　　　　　D．视图

二、判断题

1．Word 中的样式是由多个格式排版命令组合而成的集合，Word 允许用户创建自己的样式。(　　)

2．Word 的"自动更正"功能只可以替换文字，不可以替换图像。(　　)

3．在 Word 中，"格式刷"可以复制艺术文字式样。(　　)

4．在 Word 中隐藏的文字，屏幕中仍然可以显示，但打印时不输出。(　　)

5．使用 Word 可以制作 WWW 网页。(　　)

6．在用 Word 编辑文本时，若要删除文本区中某段文本的内容，可选取该段文本，再按"Delete"键。(　　)

7．在 Word 表格中，当改变了某个单元格中的值时，计算结果也会随之改变。(　　)

8．在 Word 中，文本框可随键入内容的增加而自动扩展其大小。(　　)

9．在 Word 中，要选中几块不连续的文字区域，可以在选中第一块的基础上结合"Ctrl"键来完成。(　　)

10．Word 中，为了将光标快速定位于文档开头处，可用"Ctrl + PageUp"键。(　　)

11．如果要调整文档中其中一页的页边距，第一步就是选中这一页的文本。(　　)

12．图文框总能随其连接的段落移动而随之移动。(　　)

13．在文档中需调整已输入的公式内容，可按公式编辑器按钮，进入公式编辑器进行调整。(　　)

14．Word 表格中的数据也是可以进行排序的。(　　)

15．"Shift + Enter"是人工产生一个分行符。(　　)

模块二　数据处理技术

表格在人们的日常生活中经常被使用，如学生的考试成绩表、企业的人事报表、生产报表、财务报表等，所有这些表格的制作都可以利用数据处理软件来实现。使用数据处理软件不仅可以创建和处理各种精美的电子表格，而且可以通过公式和函数的使用，快速地对表格中的大量数据进行计算、统计、排序、筛选、汇总等操作，还能够将结果以图表的形式直观地显示出来。当前，数据处理软件被广泛应用于财务、行政、金融、经济、统计和审计等众多领域中。

任务一　初识数据处理软件

【学习目标】

(1) 了解常见的数据处理软件。
(2) 熟悉典型数据处理软件 Microsoft Excel 的基本功能和特点。
(3) 掌握 Excel 2010 启动和退出的方法，熟悉 Excel 2010 窗口的组成。

【相关知识】

数据是对事实、概念或指令的一种表达形式，可由人工或自动化装置进行处理。数据的形式可以是数字、文字、图形或声音等。数据在经过解释并被赋予一定意义之后，便成为信息。

数据处理是对数据的采集、存储、检索、加工、变换和传输。

【任务说明】

在日常工作中，我们经常会接触到各种数据处理软件，特别是电子表格处理软件。那么，数据处理软件有哪些？我们常用的 Microsoft Office 2010 套件中的电子表格处理软件 Microsoft Excel 2010 到底具有哪些功能？Excel 2010 是怎样启动和关闭的？Excel 2010 窗口是由哪些要素构成的？

【任务实施】

一、数据处理软件

在日常工作中，我们经常会利用各种软件来处理手头的数据。常用的数据处理软件有

SAS、SPSS、MATLAB、Microsoft Excel、WPS 表格等，这些数据处理软件功能强大，可满足我们对日常数据处理的基本需求。

1. SAS

SAS(Statistical Analysis System，统计分析系统)软件是由美国 North Carolina 州立大学开发的统计分析软件，是一个模块化、集成化的大型应用软件系统。它由数十个专用模块构成，功能包括数据访问、数据存储及管理、应用开发、图形处理、数据分析、报告编制、运筹学方法、计量经济学与预测等等。

SAS 分为四大部分，即 SAS 数据库部分、SAS 分析核心、SAS 开发呈现工具、SAS 对分布处理模式的支持及其数据仓库设计，主要完成以数据为中心的四大任务，即数据访问、数据管理、数据呈现和数据分析。

2. SPSS

SPSS(Statistical Product and Service Solutions，统计产品与服务解决方案)软件是世界上最早的统计分析软件，是由美国斯坦福大学三位研究生研究开发的。同时，他们成立了 SPSS 公司，2009 年 SPSS 公司被 IBM 公司收购，同时软件更名为 IBM SPSS。

SPSS 是一个组合式软件包，集数据录入、整理、分析功能于一体。SPSS 的基本功能包括数据管理、统计分析、图表分析、输出管理等，同时也有专门的绘图系统，可以根据数据绘制各种图形，此外还可以直接读取 Excel 及 DBF 数据文件，目前在社会科学、自然科学等领域发挥着重要作用。

3. MATLAB

MATLAB 是美国 MathWorks 公司出品的商业数学软件，主要包括 MATLAB 和 Simulink 两大部分。

MATLAB 将数值分析、矩阵计算、数据可视化以及非线性动态系统建模和仿真等诸多功能集成于一个视窗环境中，主要应用于工程计算、控制设计、信号处理与通信、图像处理、信号检测、金融建模设计与分析等领域。

4. Microsoft Excel

Microsoft Excel 是微软公司的办公软件 Microsoft Office 的重要组件之一，可以进行各种数据的处理、统计分析和辅助决策操作，广泛地应用于管理、统计财经、金融等众多领域。

5. WPS 表格

WPS Office 是由金山软件股份有限公司自主研发的一款办公软件，可以实现日常办公中最常用的文字、表格、演示等多种功能。WPS 电子表格是 WPS Office 三个重要组件之一，其功能类似于微软公司的 Microsoft Excel。WPS Office 的功能和组件与 Microsoft Office 相比要简单得多，但普及度不如 Microsoft Office 高。

上述几款数据处理软件功能都很强大，可满足科技工作和日常工作的诸多需求，但是 SAS、SPSS、MATLAB 这几款软件的应用领域较为专业，并且要求使用者具有一定的计算机编程知识，了解大量的内部函数和命令。因此，在日常工作中应用最为广泛的是 Microsoft Excel 软件，它不仅可以进行简单的数据管理和运算，而且可以进行较为复杂的数据处理。

二、Microsoft Excel 的功能及特点

Microsoft Excel 电子表格是 Office 系列办公软件之一，能够实现对日常生活和工作中各种电子表格的数据处理。Microsoft Excel 是用户日常工作和生活的得力助手，通过友好的人机界面和方便易学的智能化操作方式，用户可轻松拥有实用美观、个性十足的实时表格。目前，Excel 在图形用户界面、表格处理、数据分析、图表制作和网络信息共享等方面具有更突出的特色。

1. 基本功能

1) 表格处理

采用表格时，所有的数据、信息都以二维表格(工作表)形式管理，单元格中数据间的关系一目了然，从而数据的处理和管理更直观、更方便、更易于理解。对于日常工作中常用的表格处理操作，例如增加行、删除列、合并单元格、表格转置等操作，在 Excel 中均只需简单地通过工具按钮即可完成。此外，Excel 还提供了数据和公式的自动填充、表格格式的自动套用、自动求和、自动计算、记忆式输入、选择列表、自动更正、拼写检查、审核、排序和筛选等众多功能，可帮助用户快速高效地建立、编辑、编排和管理各种表格。

2) 数据分析

Excel 具有一般电子表格软件所不具备的强大的数据处理和数据分析功能，提供包括财务、逻辑、文本、日期和时间、查找与引用、数学和三角函数、统计、工程、多维数据集、信息和兼容性等几百个内置函数，可以满足许多领域的数据处理与分析要求。如果内置函数不能满足需要，还可以使用 Excel 内置的 Visual Basic for Application(也称作 VBA)建立自定义函数。

Excel 除具有一般数据库软件所提供的数据排序、筛选、查询、统计汇总等数据处理功能以外，还提供了许多数据分析与辅助决策工具，例如数据透视表、模拟运算表、假设检验、方差分析、移动平均、指数平滑、回归分析、规划求解、多方案管理分析等。利用这些工具可以完成复杂的求解过程，得到相应的分析结果和求解报告。

3) 图表制作

图表是提交数据处理结果的最佳形式。通过图表可以直观地显示出数据的众多特征，例如数据的最大值、最小值、发展变化趋势、集中程度和离散程度等。Excel 具有很强的图表处理功能，可以方便地将工作表中的有关数据制作成专业化的图表。Excel 提供的图表类型有条形图、柱形图、折线图、散点图、股价图以及多种复合图表和三维图表，用户可以根据需要选择最有效的图表来展现数据。

如果 Excel 提供的标准图表类型不能满足需要，用户还可以自定义图表类型，并可以对图表的标题、数值、坐标以及图例等各项目分别进行编辑，从而获得最佳的外观效果。Excel 还能够自动建立数据与图表的联系，当数据增加或删除时，图表可以随数据变化而动态实时更新。

4) 宏操作

为了更好地发挥 Excel 的强大功能，提高使用 Excel 的工作效率，Excel 还提供了宏的功能以及内置的 VBA。用户可以使用它们创建自定义函数和自定义命令，特别是 Excel 提供的宏记录器，可以将用户的一系列操作记录下来，自动转换成由相应 VBA 语句组成的宏

命令。以后当用户需要执行这些操作时，直接运行这些宏即可。

对于需要经常使用的宏，还可以将有关的宏与特定的自定义菜单命令或者工具按钮关联，以后只要选择相应的菜单命令或是单击相应的工具按钮即可完成相应的宏操作。对于更高水平的用户，还可以利用 Excel 提供的 VBA 在 Excel 的基础上开发完整的应用软件系统。

2．主要特点

Microsoft Excel 电子表格软件工作于 Windows 平台，具有 Windows 环境软件的所有优点。Excel 的图形用户界面是标准的 Windows 窗口形式，有控制菜单、选项卡、最大化按钮、最小化按钮、标题栏、功能区等内容，方便用户操作。Microsoft Excel 的特点主要体现在：

(1) 功能更加全面，几乎可以处理各种数据。

(2) 操作更加方便，体现在菜单、选项卡、窗口、对话框、功能区等方面。

(3) 数据处理函数更加丰富。

(4) 图表绘制功能更加全面，能自动创建各种统计图表。

(5) 自动化功能更加完善，包括自动更正、自动排序、自动筛选等功能。

(6) 运算更加快速准确。

(7) 数据交换更加方便。

三、Excel 2010 的启动与退出

1．启动 Excel

(1) 单击屏幕左下角的"开始"按钮，在弹出的菜单中选择"所有程序"，选择"Microsoft Office→Microsoft Office Excel 2010"命令，即可启动 Excel 2010 应用程序。

(2) 鼠标左键双击快捷方式图标 来启动 Excel 2010。

2．Excel 2010 工作界面

启动 Excel 应用程序后，系统将自动建立一个文件名为"工作簿 1"的临时 Excel 工作簿文件，并自动打开第 1 个工作表"Sheet1"，工作界面如图 2-1-1 所示。

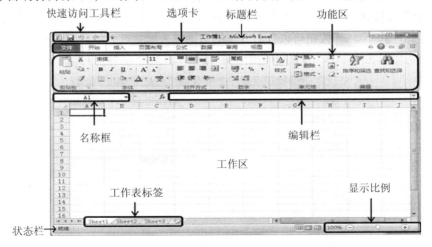

图 2-1-1　Excel 2010 工作界面

Excel 2010 工作界面主要由标题栏、选项卡、功能区、名称框、编辑栏、工作区、工

作表标签和状态栏等组成。

1) 标题栏

标题栏位于 Excel 工作窗口的最上端。标题栏左端依次显示应用程序的控制图标、快速访问工具栏；标题栏中间显示当前文档名、应用程序名；标题栏右端是窗口的控制按钮，包括"最小化"按钮、"最大化/还原"按钮和"关闭"按钮。用户可以通过单击控制图标、拖动标题栏或者单击控制按钮，完成改变 Excel 工作窗口的位置、大小，以及退出 Excel 应用程序等操作；通过单击快速访问工具栏上的工具按钮可以快速完成工作。

2) 选项卡

Excel 中所有的功能操作分为一个菜单和七大选项卡，即"文件"菜单和"开始"、"插入"、"页面布局"、"公式"、"数据"、"审阅"和"视图"选项卡。各选项卡中收录相关的功能群组，方便使用者切换、选用。例如"开始"选项卡中就是基本的操作功能，单击"开始"就切换到该选项卡中，其中包括"剪贴板"、"字体"、"对齐方式"、"数字"、"样式"、"单元格"和"编辑"七个组，如图 2-1-2 所示。

图 2-1-2　"开始"选项卡

3) 功能区

功能区放置了编辑工作表时需要使用的工具按钮。开启 Excel 时，预设显示"开始"选项卡下的工具按钮，如图 2-1-2 所示。当选择其他的选项卡时，便会改变所显示的按钮。

在功能区中按下 　 按钮可以开启专属的对话框来做更细致的设定。如我们想要美化字体的设定，就可以单击"字体"组右下角的 　 按钮，开启"字体"对话框，如图 2-1-3 所示。

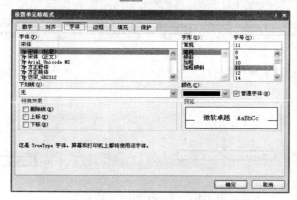

图 2-1-3　"字体"对话框

如果觉得功能区占用的版面位置太大，可以选择"功能区最小化"按钮将"功能区"隐藏起来，如图2-1-4和图2-1-5所示。将"功能区"隐藏起来后，要再次使用"功能区"时，只要单击任一个选项卡即可开启；当将鼠标移到其他地方再按一下左键时，"功能区"又会自动隐藏了。

功能区最小化

图 2-1-4　选择"功能区最小化"按钮

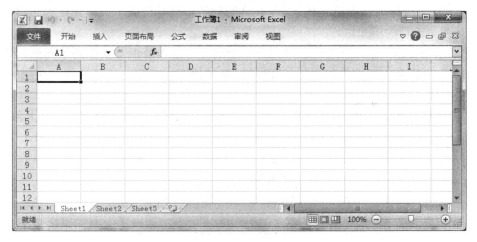

图 2-1-5　隐藏"功能区"

4) 状态栏

状态栏位于 Excel 窗口的最底端，用来显示当前工作区的状态。在大多数情况下，状态栏的左端显示"就绪"字样，表示工作表正在准备接收新的数据；在单元格中输入数据时，则显示"输入"字样。状态栏的右端是三个视图按钮和显示比例，视图按钮分别是"普通"、"页面布局"和"分页浏览"。

5) 其他重要部件

(1) 快速访问工具栏。快速访问工具栏，顾名思义，就是将常用的工具摆放于此，帮助快速完成工作。预设的快速访问工具栏只有三个常用工具，分别是"保存"、"撤消"及"恢复"，如果想将自己常用的工具也加入此区，可按下 进行设定，如图2-1-6所示。

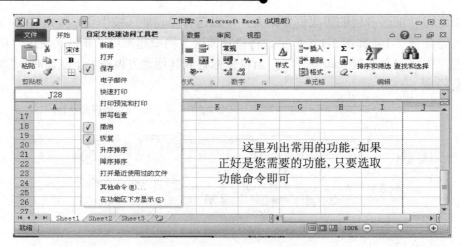

图 2-1-6 设置"快速访问工具栏"

(2) 工作区和单元格。工作区是窗口中有浅色表格线的大片空白区域，是用户输入数据、创建表格的地方。单元格是组成工作表的最小单位。一张 Excel 工作表由 1 048 576 行、16 384 列组成，每一行和每一列都有确定的标号：行号用数字 1，2，3，…，1 048 576 表示；列号用英文字母 A，B，…，Z，AA，AB，…，ZZ，AAA，AAB，…，XFD 表示。每一个行列交叉处即为一个单元格，该单元格的列号和行号构成了该单元格的名称，如 A5，表示第 A 列第 5 行的单元格。

(3) 活动单元格。在每个工作表中只有一个单元格是当前正在操作的单元格，称为"活动单元格"，也称为"当前单元格"。活动单元格的边框为加粗的黑色边框，相应的行号与列号反色显示。

(4) 单元格区域。在 Excel 中，区域是指连续的单元格，一般习惯上用"左上角单元格:右下角单元格"表示。如"A3:E7"表示左上起于 A3、右下止于 E7 的 25 个单元格，如图 2-1-7 所示。但是也可以用其他对角的两个单元格来描述单元格区域，如图中的单元格区域也可以表示为"E7:A3"、"A7:E3"、"E3:A7"。

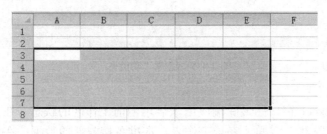

图 2-1-7 单元格区域

(5) 名称框。名称框位于功能区的下方，用来显示工作表中当前活动单元格的名称。

(6) 编辑栏。编辑栏位于名称框的右侧，用于显示活动单元格中的内容。在编辑栏中可以输入数据、公式和函数，并且可以改变插入点位置，方便地对输入内容进行修改。

(7) 工作表标签。工作表标签位于工作区的左下方，它显示了该工作簿中所有工作表的名称，一个工作表对应一个标签。单击某个工作表标签，可以在工作区中显示对应的工作表，显示在工作区中的工作表称为当前工作表，当前工作表的标签将反色显示，且工作表的名称下有一条下划线。

Excel 启动后会自动建立一个名为 Book1 的新工作簿，其中默认包含三个空白的工作表，其中第一个工作表 Sheet1 为当前工作表。用户可以向工作表中插入新的工作表或删除已有的工作表，但工作簿中至少应包含一个工作表。一个工作簿最多可以包含 255 个工作表。

(8) 显示比例。放大或缩小文件的显示比例，并不会放大或缩小字形，也不会影响文件打印出来的结果，只是方便用户在屏幕上浏览和操作而已。

窗口右下角是"显示比例"区，显示当前工作表的比例，按下 ⊕ 按钮可放大工作表的显示比例，每按一次放大 10%，例如 90%、100%、110%、…；反之，按下 ⊖ 按钮会缩小显示比例，每按一次则会缩小 10%，例如 110%、100%、90%、…；或者也可以直接拖曳中间的滑动杆控制显示比例。

3．退出 Excel

当编辑完一个工作簿文件后，需要将其关闭并退出 Excel 应用程序，常用操作包括关闭工作簿和退出 Excel。关闭工作簿是指关闭当前所打开的工作簿文件，而不会退出 Excel 应用程序，用户此时可以继续进行其他工作簿文件的编辑工作。而退出 Excel 将会关闭当前打开的所有工作簿文件，并退出 Excel 应用程序。

1) 关闭工作簿的具体步骤

(1) 选择"文件"菜单的"关闭"命令，即可关闭当前所打开的工作簿文件。如果该工作簿在编辑之后没有保存，系统将弹出如图 2-1-8 所示的信息提示框。

(2) 单击"保存"按钮，保存工作簿，然后关闭；单击"不保存"按钮，则不保存对工作簿所做

图 2-1-8 信息提示框

的任何修改，直接关闭；单击"取消"按钮，则返回到编辑状态。

2) 退出 Excel 的方法

(1) 选择"文件"菜单→"退出"命令。

(2) 单击 Excel 2010 标题栏右侧的"关闭"按钮。

(3) 双击 Excel 2010 标题栏左侧的"控制图标"。

(4) 使用组合键"Alt + F4"。

用户如果在退出 Excel 前没有保存修改过的工作簿文件，在退出时，系统将弹出一个提示框，提示用户是否保存对工作簿的修改。

任务二　制作学员联系方式表

【学习目标】

(1) 理解工作簿、工作表、单元格、单元格区域的关系，掌握工作簿文件的创建、打

开、保存、保护、关闭等基本操作。

(2) 掌握工作表中行、列、单元格的选定、复制与移动、插入与删除等操作，掌握表格中行高与列宽的设置方法。

【相关知识】

工作簿：Excel 是以工作簿为单位来处理和存储数据的，工作簿文件是 Excel 存储在磁盘上的最小独立单位，它由多个工作表组成。在 Excel 中，数据和图表都是以工作表的形式存储在工作簿文件中的。一个 Excel 工作簿又称为一个 Excel 文件，扩展名为"xlsx"。

工作表：工作表是单元格的集合，是 Excel 进行一次完整作业的基本单位，通常称为电子表格。若干个工作表构成一个工作簿。在使用工作簿文件时，只有一个工作表处于活动状态。

工作簿与工作表的关系：如同账本与账页的关系一样，可以把一个工作簿看成是一个由多张账页组成的账本，而每一个工作表就类似于其中的一个账页，用于保存一个具体的表格；打开账本就可以很方便地查看其中的每一个账页，并能对某一个账页进行管理。

【任务说明】

本任务通过"根据现有内容新建"方法快速创建一份有内容的电子表格，然后在其基础上进行修改，制作一份符合实际需求的学员联系方式表，最终效果如图 2-2-1 所示。

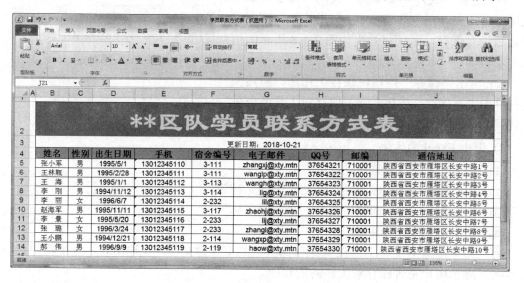

图 2-2-1　"学员联系方式表"样例

【任务实施】

一、启动 Excel

单击屏幕左下角的"开始"按钮，在弹出的菜单中选择"所有程序"，选择"Microsoft

Office→Microsoft Office Excel 2010"命令，启动 Excel 2010 应用程序，如图 2-2-2 所示。

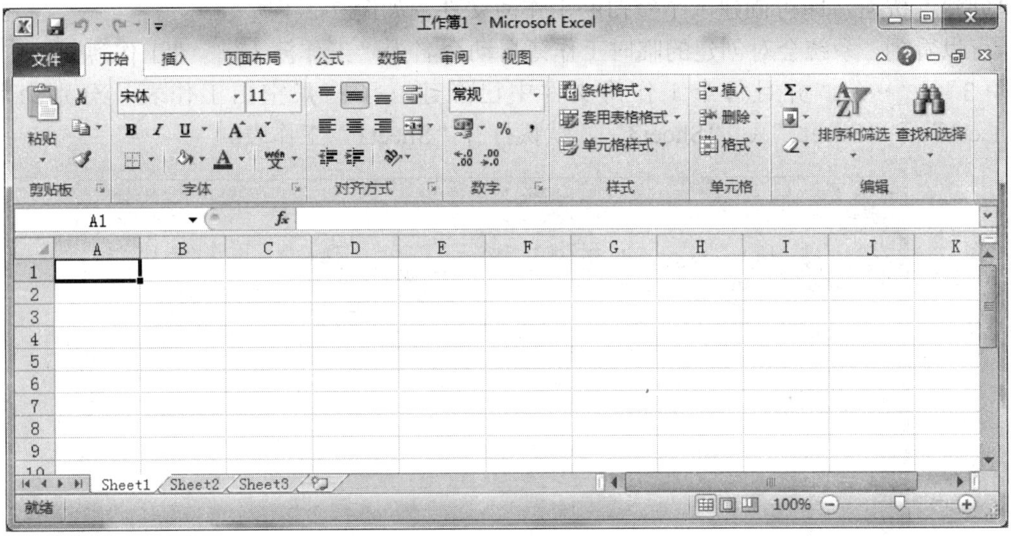

图 2-2-2　Excel 2010 的界面

二、新建工作簿文件

Excel 2010 有三种创建新工作簿文件的方法：新建空白工作簿、使用模板新建工作簿和根据现有内容新建工作簿。

1. 新建空白工作簿

创建空白工作簿的具体操作步骤如下：

(1) 选择"文件"菜单中的"新建"选项，打开如图 2-2-3 所示的窗口。

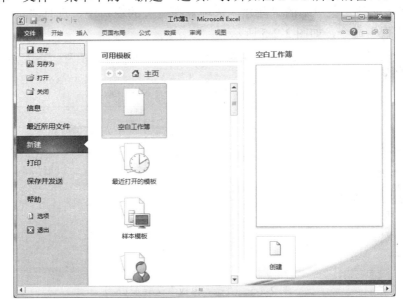

图 2-2-3　"新建"窗口

(2) 在该窗口中的"可用模板"选区中，选择"空白工作簿"，然后单击窗口右下方的"创建"按钮，即可创建一个空白的工作簿文件，如图 2-2-4 所示。

可以看到，系统会对创建的临时工作簿自动命名为"工作簿 1"、"工作簿 2"、"工作簿 3"、……，并且每个工作簿文件中已经建立了三张空白工作表，分别命名为"Sheet1"、"Sheet2"、"Sheet3"，默认打开"Sheet1"工作表。

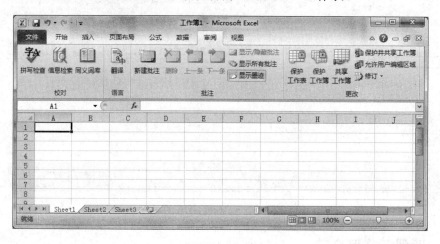

图 2-2-4　新建的"空白工作簿"

2．使用模板新建工作簿

Excel 2010 提供了一些模板文件，利用模板文件可以创建一个具有特定格式的新工作簿。安装 Excel 时，系统自带了一些"样本模板"，除此以外还可以通过网络搜索相关的"Office.com 模板"。

使用"样本模板"新建工作簿的具体操作步骤如下：

(1) 选择"文件"菜单中的"新建"选项，在打开的窗口中，选择"可用模板"选区中的"样本模板"命令，如图 2-2-5 所示。

图 2-2-5　"样本模板"选择窗口

(2) 在"样本模板"选择窗口中选择自己需要的相关模板，然后单击窗口右边的"创建"按钮，即可新建一个带有特定格式的新的工作簿。如图 2-2-6 就是一个新建的"个人月预算"工作簿。

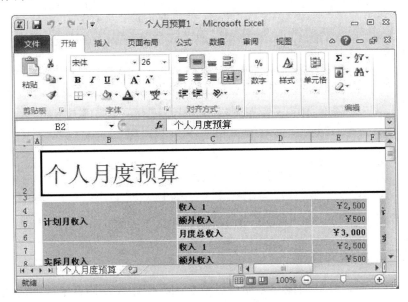

图 2-2-6　新建的"个人月预算"工作簿

3. 根据现有内容新建工作簿

根据现有内容新建工作簿的具体操作步骤如下：

(1) 选择"文件"菜单的"新建"选项，在打开的窗口中，选择"可用模板"选区中的"根据现有内容新建"命令，弹出"根据现有工作簿新建"对话框，如图 2-2-7 所示。

图 2-2-7　"根据现有工作簿新建"对话框

(2) 在该对话框中根据需要选择现有的工作簿，单击"新建"按钮，即可根据现有的工作簿新建工作簿。这里选择已有的"通讯录.xlsx"文件，新建"通讯录 1"工作簿，如图 2-2-8 所示。

图 2-2-8　新建"通讯录 1"工作簿

三、保存工作簿文件

使用办公软件时，良好的保存习惯可以避免因误操作或者计算机故障而造成的数据丢失。保存工作簿文件是指将已经建立好的工作簿作为一个磁盘文件存储起来，以便以后使用。

1. 直接保存

上一步通过"根据现有内容新建"的工作簿文件只是一个临时文件，为了将其保存到磁盘上方便以后使用，应当对新建的临时文件进行保存，直接保存的具体操作步骤如下：

(1) 选择"快速访问工具栏"中的"保存"按钮，或是"文件"菜单中的"保存"命令，弹出"另存为"对话框，如图 2-2-9 所示。

图 2-2-9　"另存为"对话框

(2) 在该对话框的左侧，选择工作簿的保存位置。在"文件名"编辑框中输入想要保存工作簿的名称，Excel 2010 工作簿文件的扩展名为".xlsx"。

(3) 设置完成后，单击"保存"按钮，完成工作簿的保存工作。

注意：如果当前打开的并非临时工作簿文件，则选择"保存"命令后会直接覆盖磁盘上原有的文件；若要更改已打开工作簿的文件名或存储位置等内容，可选择"另存为"命令进行保存。

2．自动保存

自动保存指的是系统在每隔一定的时间后自动保存一次工作簿，设置自动保存工作簿的具体操作如下：

(1) 选择"文件"菜单中的"选项"命令，弹出"Excel 选项"对话框，选择"保存"选项，如图 2-2-10 所示。

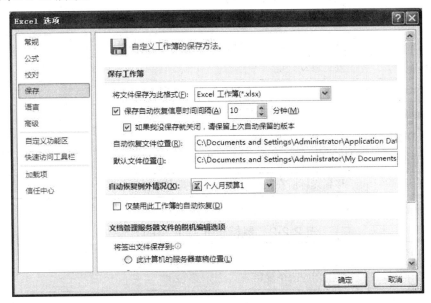

图 2-2-10　"Excel 选项"对话框

(2) 在该对话框的"保存工作簿"区域，选中"☑ 保存自动恢复信息时间间隔(A)"复选框，并在其右侧的微调框 10 分钟(M) 中输入或调整自动保存文件的间隔时间。

(3) 设置完成后，单击"确定"按钮即可。

本任务在前面已经通过已有内容新建了工作簿，但它只是一个临时文件，需要将其保存到磁盘上。

选择"文件"菜单中的"保存"命令，或单击"快速访问工具栏"上的"保存"按钮，弹出"另存为"对话框。在"另存为"对话框的"保存位置"下拉列表中选择"E：\任务二"，在"文件名"后面的文本框中输入"学员联系方式表"。单击"保存"按钮，保存工作簿并关闭对话框。注意观察 Excel 标题栏中当前工作簿文件名的变化。

四、修改工作表标题

选定工作表标题行单元格 B2，将输入法切换到中文输入法状态，从键盘直接输入"**区队学员联系方式表"，对原标题行的内容进行覆盖。

1. 选定单元格

选定单元格是在对单元格进行编辑和修改之前必须首先完成的操作，用户可以使用键盘或鼠标来选定单元格。使用键盘选定单元格的方法如表 2-2-1 所示。

表 2-2-1　键盘选定单元格的方法

按　　键	单元格移动的方向
←，→，↑，↓	向左、右、上、下移动一个单元格
Home	移到光标所在行的第一个单元格
Ctrl + ←	向左移到光标所在行的行首
Ctrl + →	向右移到光标所在行的行尾
Ctrl + ↑	向上移到光标所在列的列首
Ctrl + ↓	向下移到光标所在列的列尾
PageUp	向上移动一屏
PageDown	向下移动一屏
Ctrl + PageUp	移到上一张工作表
Ctrl + PageDown	移到下一张工作表
Ctrl + Home	移到光标所在工作表的第一个单元格
Ctrl + End	移到光标所在工作表的已有数据的右下角最后一个单元格

使用鼠标选定单元格的具体方法如表 2-2-2 所示。

表 2-2-2　鼠标选定单元格的方法

选择内容	具　体　操　作
单个单元格	单击相应的单元格
某个单元格区域	单击选定该区域的第一个单元格，然后拖动鼠标直至选定最后一个单元格
工作表中所有单元格	单击行号和列号交界处的"全选"按钮
不相邻的单元格或单元格区域	先选定第一个单元格或单元格区域，然后按住"Ctrl"键再选定其他的单元格或单元格区域
较大的单元格区域	单击该区域的第一个单元格，然后按住"Shift"键再单击该区域中第一个单元格所在的对角线上的最后一个单元格
整行	单击行号
整列	单击列号
相邻的行或列	在行号或列号中拖动鼠标，或者先选定第一行或第一列，然后按住"Shift"键再选定其他的行或列
不相邻的行或列	先选定第一行或第一列，然后按住"Ctrl"键再选定其他的行或列
取消选定单元格	单击工作表中任意一个单元格

注意： 选定单元格区域后，工作表的"名称框"中只显示最后一次被选中的连续区域中第一个被选中的单元格名称。

2．输入数据

输入数据是以单元格为单位进行的，要在指定的单元格中输入数据，首先需要选定该单元格，然后再通过键盘输入数据，此时新输入的数据将会覆盖单元格中原有的数据。如果只想修改该单元格中的部分内容，则应该将光标定位到编辑栏中要修改的地方进行编辑。输入数据时，会在单元格和编辑栏中同时显示输入内容。数据输入完毕后，可以按回车键或"Tab"键确认输入，也可按"Esc"键或编辑栏上的"取消"按钮取消当前输入。

1) 输入文本

单元格中的文本包括任何字母、数字和键盘符号的组合。默认情况下，输入的文本型数据在单元格内左对齐，数值型数据右对齐。当输入邮政编码、电话号码等全部由数字组成的字符串时，应先输入一个"′"(单引号)后，再输入字符串，以确定是文本型数据而非数值型数据。

在单元格中输入文本时，如果需要换行输入，可插入"硬回车"，即按下"Alt + Enter"组合键。

2) 输入数值

在 Excel 工作表中，数值型数据是使用最多、也是最为复杂的数据类型。默认情况下，单元格中最多可显示 11 位数字，如果超出此范围，则自动改为以科学计数法显示，且数值在单元格内右对齐。当单元格内显示一串"#"符号时，则表示列宽不够显示此数字，可适当调整列宽以正确显示。

在 Excel 中，不同类型的数字有不同的输入方法。

(1) 正数：直接输入，前面不必加"+"号。

(2) 负数：必须在数字前加"-"号，或者给数字加上圆括号。

(3) 真分数：应先输入"0"和空格，再输入分数。

(4) 假分数：应在整数部分和分数部分之间加一个空格，以便与日期类型区分开。

3) 输入日期和时间

在单元格中输入 Excel 能够识别的日期和时间时，单元格格式自动从"常规"数字格式转换为"日期和时间"格式，输入的数据在单元格内右对齐，否则按文本处理，且数据在单元格内左对齐。

输入日期和时间数据时，应该遵循如下的规则。

(1) 日期：日期有多种格式，可用"/"或"-"分隔，也可用年、月、日格式。按"Ctrl + ;"组合键，可输入当前日期；按"Ctrl + Shift + ;"组合键，可输入当前的系统时间。

(2) 时间：小时、分、秒之间用":"分隔。系统默认输入的时间是 24 小时制，如果使用 12 小时制，则需要在输入的时间后输入一个空格，再输入"am"或"pm"，也可以输入"a"或"p"来表示上午和下午。

五、删除批注

通过"通讯录"模板创建的"**区队学员联系方式表"中，"姓名"单元格的右上方有一个红色的三角，说明该单元格已经添加了批注。

将鼠标移动到该单元格上方，会显示出批注的内容，如图 2-2-11 所示。

图 2-2-11 "姓名"单元格的批注

选中"姓名"单元格，单击"审阅"选项卡→"批注"按钮组中的"删除"按钮，即可实现批注的删除。

六、插入/删除列/行

通过"根据现有内容新建"生成的工作表并不能满足本任务的要求，根据图 2-2-12 所示，需要在工作表中插入两列，并删除多余的空白行。

1. 插入列

单击"地址"所在列的列标 H，选定该列，或选定 H 列中的某个单元格。

切换到"开始"选项卡，选择"单元格"组→"插入"按钮→"插入工作表列"命令，即可完成在"地址"列前插入一个新列。

重复一次"单元格"组→"插入"按钮→"插入工作表列"命令操作，实现在"地址"列之前插入第二个新列。

2. 删除行

将鼠标移动到第 16 行的行号上，当指针图标变为向右的实心箭头时，按下鼠标左键，向下拖动到第 35 行的行号上，完成第 16 行到 35 行的选定。

切换到"开始"选项卡，选择"单元格"组→"删除"按钮→"删除工作表行"命令，实现行的删除。工作表的结构如图 2-2-12 所示。

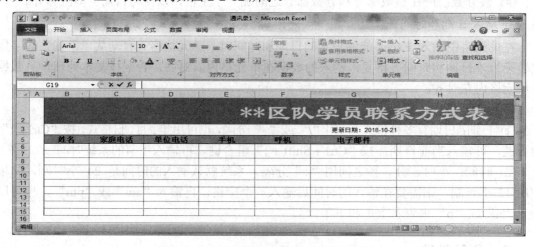

图 2-2-12 插入列和删除行后的工作表行

七、修改表头信息

(1) 选定 C5 单元格，将其中的内容"家庭电话"修改为"性别"。

(2) 选定 D5 单元格，将其中的内容"单位电话"修改为"出生日期"。

(3) 选定 F5 单元格，将其中的内容"呼机"修改为"宿舍编号"。

(4) 选定 H5 单元格，输入"QQ 号"。

(5) 选定 I5 单元格，输入"邮编"。

(6) 选定 J5 单元格，并在编辑栏中本单元格内容"地址"前单击鼠标左键，将插入点定位到原有内容之前，从键盘输入"通信"，即修改单元格内容为"通信地址"。

完成后的工作表结构如图 2-2-13 所示。

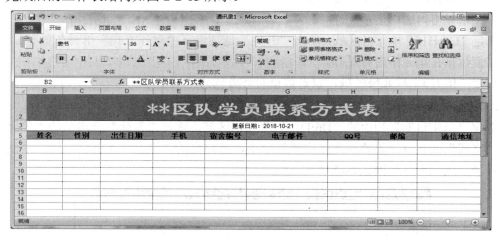

图 2-2-13 修改表头后的效果

八、调整列宽

将鼠标指针移动到 C 列和 D 列的列标之间，当指针变化为向左右扩展的箭头形状时，按下鼠标左键并向左移动，当 C 列的宽度恰好能够显示"性别"文本内容时，松开鼠标左键，实现对 C 列宽度的调整。

使用相同方法，将联系方式表中其他各列的宽度调整到与样例中各列的宽度大体一致。完成后工作表的结构如图 2-2-14 所示。

图 2-2-14 调整列宽后的效果

九、设置单元格格式并输入数据

1．设置单元格格式

为了使工作表中的信息能够正确、美观地显示出来，在输入数据之前，需要对单元格中的文本对齐方式和数据类型进行设置。

1）对齐方式

选定"B6:F15"单元格区域，单击"开始"选项卡→"对齐方式"组→"居中"按钮，使数据在单元格内居中显示。

选定"G6:H15"单元格区域，单击"开始"选项卡→"对齐方式"组→"文本右对齐"按钮，使数据在单元格内右对齐。

选定"I6:J15"单元格区域，设置数据对齐方式为"居中"。

2）数据类型

选定"出生日期"列中的"D6:D15"单元格区域，选择"开始"选项卡的"单元格"组→"格式"按钮→"设置单元格格式"命令，将弹出的"设置单元格格式"对话框切换到"数字"选项卡，如图 2-2-15 所示。

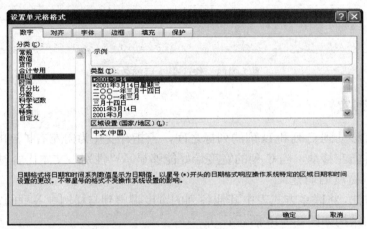

图 2-2-15 "设置单元格格式"对话框

因为出生日期为日期型数据，所以在"数字"选项卡的"分类"列表中选择"日期"，在"区域设置（国家/地区）"下拉列表中选择"中文（中国）"，在"类型"列表区域中选择第一种日期显示形式"*2001-3-14"。最后单击"确定"按钮，关闭对话框即可完成设置。

选定"E6:E15，H6:I15"单元格区域，在选定区域上单击鼠标右键，在弹出的快捷菜单中选择"设置单元格格式"命令，同样打开"设置单元格格式"对话框，在"数字"选项卡的"分类"列表中选择"文本"，将该单元格中数据的格式设置为文本类型。

注意：若单元格中的文本仅由数字组成，比如电话号码、邮政编码、身份证号等，在输入数据之前应先输入一个单引号"'"，或在输入数据之前设置单元格中数据的格式为"文本类型"。

2．输入数据

按照样例的内容，依次输入各个学生的联系信息，即可得到如图 2-2-1 所示的工作簿文件。

十、保存退出

单击"保存"按钮，保存工作簿。然后选择"文件"菜单中的"关闭"命令，关闭当前工作簿文件。

十一、打开工作簿文件

对于已经保存在磁盘上的工作簿文件，如果要对其进行修改或编辑，首先需要对其打开再执行修改或编辑操作。打开 Excel 工作簿的方法有很多种，这里主要介绍最为典型的两种打开方法。

1．直接打开工作簿

直接打开工作簿的具体操作步骤如下：

(1) 选择"文件"菜单中的"打开"命令，将会弹出"打开"对话框。

(2) 在对话框上方的下拉列表中选择工作簿所在的位置，在列表框中选中想要打开的工作簿文件。

(3) 单击"打开"按钮，即可打开该工作簿文件。

最为直接的工作簿文件打开方式：用鼠标双击需要打开的工作簿文件图标。

2．以只读方式或副本方式打开工作簿

为了保证在打开已有工作簿文件后，所做的修改不会被保存到原文件中，可以以只读方式打开文件。

如果要打开一个工作簿文件并对其进行修改，但又想保留原来的内容，可以采用以副本方式打开文件。

以只读方式或副本方式打开工作簿的方法如下：

选择"文件"菜单中的"打开"命令后，在弹出的"打开"对话框中选择需要打开其副本或以只读方式打开的工作簿文件，单击"打开"按钮后部的下拉箭头，在弹出的下拉菜单中选择"以只读方式打开"或"以副本方式打开"命令即可。

【课堂练习】

制作一份办公设备统计表，预览效果如图 2-2-16 所示。

编号	名称	品牌	型号	数量	单价	购买时间	负责人
1	计算机	方正	文祥E330	2	￥3,000	2005-7-1	张小军
2	计算机	联想	K410	2	￥5,000	2012-10-1	郝 伟
3	打印机	方正	A321N	1	￥4,800	2010-10-1	张小军
4	打印机	方正	LJ2200	1	￥2,000	2006-3-1	王林平
5	打印机	方正	A321N	1	￥4,800	2010-10-1	张小军
6	办公桌			5	￥500	2006-3-1	王林平
7	办公椅			5	￥400	2006-3-1	王林平
8	茶几			1	￥300	2006-3-1	王林平
9	沙发			2	￥800	2006-3-1	王林平

图 2-2-16 "办公设备统计表"样例

要求：

(1) 新建一个空白工作簿并修改第一个工作表的标签为"办公设备统计表"。

(2) 合并"B1:I1"单元格区域，输入标题"办公设备统计表"，并设置字体为"幼圆"，字号为"20 磅"，字形为"加粗"。

(3) 根据样例输入统计表中各列的标题，字形加粗。

(4) 根据样例中的内容判断单元格中数据的类型，根据数据类型的不同，设置单元格格式并输入数据。

(5) 为表格设置内边框和外边框。

(6) 工作簿保存为"E:\办公设备统计表.xlsx"。

【知识扩展】

一、单元格批注

Excel 中，批注相当于对单元格添加的注释，通常是以文字的形式对表格中的部分内容进行说明。有关批注的操作主要有以下几种：

1．添加批注

首先选定要添加批注的单元格，然后单击"审阅"选项卡→"批注"组→"新建批注"按钮；或是单击鼠标右键，在弹出的快捷菜单中选择"插入批注"命令，在出现的文本框中编辑想要显示的文字，最后在文本框外任意位置单击鼠标，或按两次"Esc"键，即可完成批注的添加。

2．编辑批注

编辑批注时，首先选定具有批注的单元格，然后单击"审阅"选项卡→"批注"组的"编辑批注"按钮，就可以打开批注编辑文本框，对其中的文本进行编辑即可。也可以在具有批注的单元格上单击鼠标右键，在弹出的快捷菜单中选择"编辑批注"命令。

3．删除批注

删除批注时，首先选定具有批注的单元格，然后单击"审阅"选项卡→"批注"组的"删除"按钮，即可完成批注的删除。也可以在具有批注的单元格上单击鼠标右键，在弹出的快捷菜单中选择"删除批注"命令。

二、窗口视图设置

根据表格制作的不同要求，有时需要显示或隐藏 Excel 窗口环境下的不同内容，如网格线、工作表标签、行号列标等。切换到"视图"选项卡，在"显示"组中可以设置"网络线"、"编辑栏"和"标题"的显示与否，如图 2-2-17 所示。

图 2-2-17 "视图"选项卡—"显示"组

选择"文件"菜单下的"选项"命令,打开"Excel 选项"对话框,选择"高级"选项,在"此工作簿的显示选项"和"此工作表的显示选项"区域里对"显示水平滚动条"、"显示垂直滚动条"、"显示工作表标签"和"显示行和列标题"等项目的显示进行设置,如图 2-2-18 所示。

图 2-2-18 "Excel 选项"对话框—"高级"选项

任务三 制作年度考勤记录表

【学习目标】

(1) 掌握工作表的切换、重命名、插入与删除、复制与移动、隐藏与恢复等基本操作。
(2) 掌握数据和格式的填充操作。
(3) 掌握单元格格式的设置。

【相关知识】

自动填充:Excel 2010 为用户提供了一种自动填充功能,可以自动填充相同的数据和格式,或者按照某种序列填充。使用填充功能最常用的办法是拖动"填充柄"。

填充柄:是指选定单元格时右下角的小方块。当选定行或列时,鼠标变为实心十字形状,此时按住鼠标左键拖动填充柄,即可实现自动填充。

注意:自动填充时,选中的单元格中即使已经有数据,也会被新的填充数据覆盖掉。

【任务说明】

通过本次任务,学习 Excel 电子表格的基本操作、数据的快速输入和单元格格式的设置方法，从而制作出更加美观的电子表格。具体的任务内容如图 2-3-1 所示。

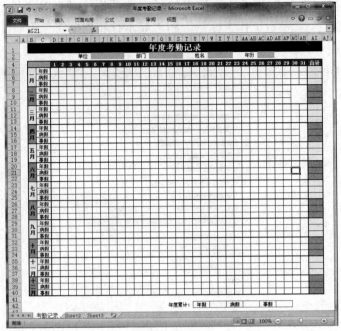

图 2-3-1　"年度考勤记录"样例

【任务实施】

一、新建空白工作簿

首先启动 Excel 2010，然后选择"文件"菜单中的"保存"命令，将弹出 "另存为"对话框，如图 2-3-2 所示。在对话框"保存位置"区域设置路径为"E：\任务三"，在"文件名"右边的文本框中输入工作簿名称"考勤记录表"，最后单击"保存"命令，关闭对话框，系统自动将新建的"工作簿1"工作簿保存为"考勤记录表"工作簿。

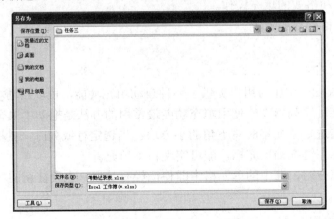

图 2-3-2　"另存为"对话框

双击"考勤记录表"工作簿中第一张工作表的标签"Sheet1",从键盘输入新的工作表名"考勤记录",并单击回车键确认输入,如图2-3-3所示。

考勤记录　Sheet2　Sheet3

图2-3-3　工作表标签

切换到"页面布局"选项卡,单击"页面设置"组右下角的"对话框启动器",打开"页面设置"对话框,在"页面"选项卡中,选中"方向"区域中的"横向"单选按钮,将页面方向设置为"横向",如图2-3-4所示。切换到"页边距"选项卡,将页面的上边距设置为"1.5",下边距设置为"1",左右边距都设置为"1.9",页眉和页脚都设置为"0.8",居中方式设置为"水平",如图2-3-5所示。单击"确定"按钮关闭对话框。

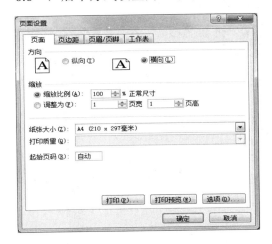

图2-3-4　"页面设置"之"页面"

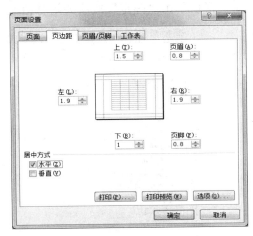

图2-3-5　"页面设置"之"页边距"

三、设置行高和列宽

单击工作区左上角外的"全选"按钮,选定"考勤记录表"中的所有单元格。

切换到"开始"选项卡,执行"单元格"组→"格式"按钮→"行高"子命令,在弹出的"行高"对话框中,输入行高值为"12",如图2-3-6所示,单击"确定"按钮关闭对话框。

执行"单元格"组→"格式"按钮→"列宽"子命令,在弹出的"列宽"对话框中,输入列宽值为"2",如图2-3-7所示,单击"确定"按钮关闭对话框。

图2-3-6　"行高"对话框

图2-3-7　"列宽"对话框

选中第C列,按照上面的方法将列宽值设置为"4";同样,将第AI列的列宽值也设置为"4"。

选中第 1 行，按照上面的方法将行高值设置为"20"。

选中第 3 行，按照上面的方法将行高值设置为"4"。

三、单元格的合并

1．使用命令合并单元格

选定单元格区域"B1:AI1"，执行"单元格"组→"格式"按钮→"设置单元格格式"子命令，弹出"设置单元格格式"对话框，单击"对齐"选项卡，切换到单元格对齐格式设置页面，如图 2-3-8 所示，在"文本对齐方式"区域中，将"水平对齐"和"垂直对齐"均选择为"居中"，在"文本控制"区域中，单击"合并单元格"复选框，使其处于选中状态，最后单击"确定"按钮关闭对话框。

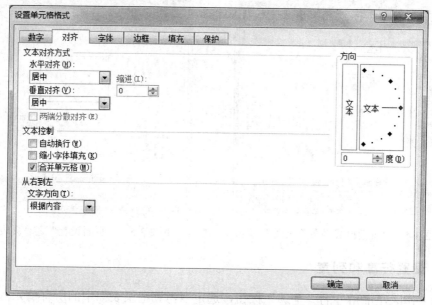

图 2-3-8　"设置单元格格式"之"对齐"

选定"G2:H2"单元格区域，按照上面的方法合并单元格，并将文本水平对齐方式设置为"靠右(缩进)"，缩进值为"0"。使用相同的方法分别合并"N2:O2"、"U2:V2"、"AA2:AB2"单元格区域(注意：在执行完"G2:H2"的设置后，可以先选定"M2:N2"单元格区域，然后选择"开始"选项卡→"剪贴板"组→"格式刷"命令按钮或按"Ctrl + Y"组合键，快速实现重复的格式设置)。

选定"I2:L2"单元格区域，使用"设置单元格格式"对话框合并单元格区域，并将文本水平对齐方式设置为"靠左(缩进)"，缩进值为"0"。使用"Ctrl + Y"组合键，快速合并"P2:S2"、"W2:Y2"、"AC2:AD2"单元格区域。

2．合并后居中

选定"B4:C4"单元格区域，单击"开始"选项卡→"对齐方式"组→"合并后居中"按钮，快速完成单元格合并，并将文本的水平对齐方式设置为"居中"。

使用"合并后居中"按钮，快速合并以下单元格区域：

第 B 列中的："B5:B7"、"B8:B10"、"B11:B13"、"B14:B16"、"B17:B19"、"B20:B22"、"B23:B25"、"B26:B28"、"B29:B31"、"B32:B34"、"B35:B37"、"B38:B40"。

第 AH 列中的："AG8:AH10"、"AH14:AH16"、"AH20:AH22"、"AH29:AH31"、"AH35:AH37"。

第 42 行中的："R42:T42"、"U42:V42"、"W42:X42"、"Y42:Z42"、"AA42:AB42"、"AC42:AD42"、"AE42:AF42"。

四、数据的输入与填充

选定 B1 单元格，首先用键盘输入"年度考勤记录"，然后用鼠标单击编辑栏中的"输入"按钮，确认输入。在选定 B1 单元格的基础上，选择"开始"选项卡→"单元格"组→"格式"按钮→"设置单元格格式"子命令，打开"设置单元格格式"对话框，切换到"字体"选项卡，设置字体为"华文中宋"，字形为"加粗"，字号为"16"磅，字体颜色为"白色"，如图 2-3-9 所示。然后，切换到"填充"选项卡，设置背景色为第一行第二列的黑色，如图 2-3-10 所示。最后单击"确定"按钮，完成设置并关闭对话框。

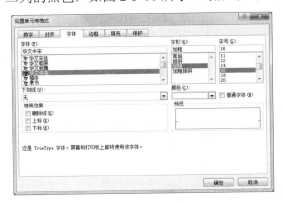
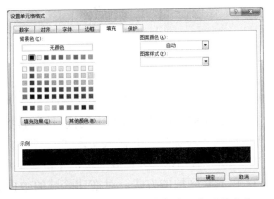

图 2-3-9 "设置单元格格式"之"字体"　　图 2-3-10 "设置单元格格式"之"填充"

选定"B2:AI42"单元格区域，打开"开始"选项卡"字体"组中的"字号"列表，将该单元格区域中文本的字号大小设置为"9"磅，单击"对齐方式"组中的"居中"按钮，将文本水平对齐方式设置为居中。

选定 G2 单元格，输入"单位"；选定 N2 单元格，输入"部门"；选定 U2 单元格，输入"姓名"；选定 AA2 单元格，输入"年份"。

选定 I2 单元格，单击"字体"组中的"填充颜色"按钮右边的下拉按钮，展开填充颜色选择列表，将鼠标移动到选择区域中第三行第五列的"蓝色，淡色 60%"图标按钮之上，在确认颜色名称后，单击该颜色按钮，为 I2 单元格设置"淡蓝色"填充色。按照同样方法，为 P2、W2、AC2 设置相同颜色的填充。

选定 B4 单元格，设置填充颜色为"白色，深色 25%"。

选定 D4 单元格，输入数字"1"，并将单元格的填充设置为"深蓝"，字形为"加粗"，字体颜色为"白色"。将鼠标移动到 D4 单元格的右下角，当鼠标指针变为实心的十字形状时，按下鼠标左键，并同时按下键盘上的"Ctrl"键，然后拖动鼠标指针至 AI4，松开鼠标左键后释放"Ctrl"键。可以看到，Excel 在自动按照递增数列的形式进行连续单元格中数据填充的同时，也可以进行外观格式的填充。

选定 AI4 单元格，输入"合计"，直接覆盖原有内容。

选定 B5 单元格，打开"设置单元格格式"对话框，在"对齐"选项卡的"文本控制"区域选中"自动换行"选项，如图 2-3-11 所示。在"字体"选项卡中设置字形为"加粗"，在"填充"选项卡中设置背景色为"浅黄"，单击"确定"按钮完成设置。最后向 B5 单元格输入文本"一月"。

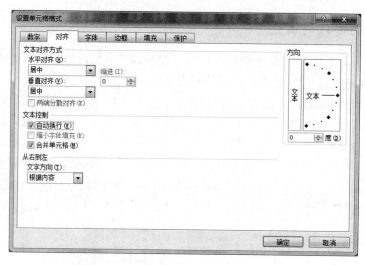

图 2-3-11　设置单元格内文本自动换行

选定 B8 单元格，按照上面同样的方法，设置文本为"自动换行"，字形为"加粗"，背景色为"浅绿"，并输入文本"二月"。

选定"B5:B8"单元格区域，并将鼠标移动到该选定区域的右下角，通过拖动填充柄到 B38 单元格区域的方式，对拖动区域的数据和格式进行自动填充。

选定 C5 单元格，输入"年假"，按回车键，活动单元格向下移动到 C6，输入"病假"，再按回车键，活动单元格向下移动到 C7 单元格，输入"事假"。选定"C5:C7"单元格区域，使用拖动填充柄的方式，将这三个单元格中的文字连续复制到 C40 单元格。

选定"AI5:AI7"单元格区域，设置单元格填充为"浅黄"色，选定"AI8:AI10"单元格区域，设置单元格填充为"浅绿"色。选定"AI5：AI10"单元格区域，通过拖动填充柄的方式，自动填充单元格格式到 AI40 单元格。

在 R42 单元格中输入"年度累计："，在 U42 单元格中输入"年假"，在 Y42 单元格中输入"病假"，在 AC42 单元格中，输入"事假"。

五、设置边框

选定"B4:AI40"单元格区域，打开"设置单元格格式"对话框，切换到"边框"选项卡，如图 2-3-12 所示。首先在"线条"列表中，选中第一列最后一行的细实线，然后打开"颜色"列表，选择"深蓝"色，最后单击"预置"区域的"内部"按钮，将选定单元格区域的内部线条设置为以上选定的样式；在"线条"区域中重新选中第二列第五行较粗的实线，单击"预置"区域的"外边框"按钮，对选定单元格区域的外部框线进行设置。在对话框中可以看到边框设置的总体效果。最后，单击"确定"按钮完成边框设置。

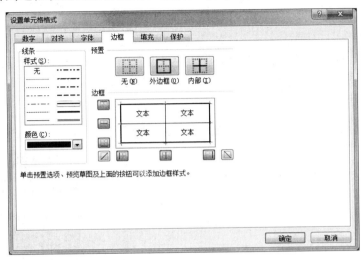

图 2-3-12　"设置单元格格式"之"边框"

单击"开始"选项卡→"字体"组→"边框"命令按钮右侧的下拉按钮，展开边框列表。首先在"线条颜色"列表中选择"深蓝"色，然后在"线型"列表中选择第九项较粗的实线，最后选择"绘图边框"命令，鼠标变为"画笔"图标，从 B5 单元格拖动画笔图标到 C40 单元格，为"B5:C40"单元格区域添加外边框线条。以相同的方式，依次为"AI4:AI40"、"B5:AI7"、"B11:AI13"、"B17:AI19"、"B23:AI25"、"B29:AI31"、"B35:AI37"单元格区域设置相同的外边框线条。

最后，为"U42:AE42"添加边框，内边框和外边框的线条均为蓝色的细实线。

任务的效果如图 2-3-13 所示。

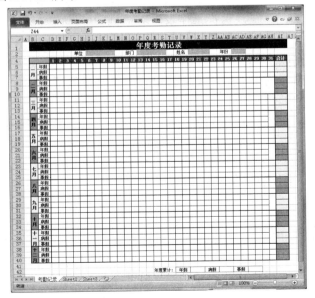

图 2-3-13　任务三的效果

六、保护工作表

保护工作表指的是保护工作表中部分单元格中的信息，以防止用户选中该单元格并修改其中的信息。

选定 I2、P2、W2、AC2 四个单元格，打开"设置单元格格式"对话框，并切换到"保护"选项卡，如图 2-3-14 所示。去掉"锁定"前的选定状态，使这些单元格在保护工作表后，处于非保护状态。

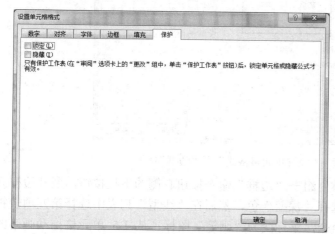

图 2-3-14　"设置单元格格式"之"保护"

图 2-3-15　"保护工作表"对话框

同样，选定工作表中"D5:AH40"单元格区域，使用上面的方法去掉该区域的"锁定"。

选定 AG8、AH14、AH20、AH29、AH35 五个单元格，使用相同的方法为单元格加上"锁定"。

切换到"审阅"选项卡，单击"更改"组→"保护工作表"按钮，弹出"保护工作表"对话框，如图 2-3-15 所示。在"保护工作表"对话框中，选中"保护工作表及锁定的单元格内容"，并选中"允许此工作表的所有用户进行"列表中的"选定未锁定的单元格"，单击"确定"按钮，完成工作表中单元格区域的保护。

完成上面保护工作表的操作后，工作编辑状态下将只能选定设置为非"锁定"的单元格，而无法进行其他的编辑操作。可以通过"审阅"选项卡→"更改"组→"撤消工作表保护"按钮取消保护。如果保护工作表时设置了密码，取消保护时，系统将要求用户输入密码。

七、工作表的视图选项设置

选择"文件"菜单中的"选项"命令，打开"Excel 选项"对话框，在左侧窗格中选择"高级"，在右侧窗格中的"此工作簿的显示选项"中去掉"显示水平滚动条"和"显示垂直滚动条"的选中状态，如图 2-3-16 所示，单击"确定"按钮，关闭对话框。切换到"视图"选项卡，去掉"显示"组中的"网格线"和"标题"的选中状态，当前工作的视图如图 2-3-17 所示。

图 2-3-16 "Excel 选项"对话框之"高级"

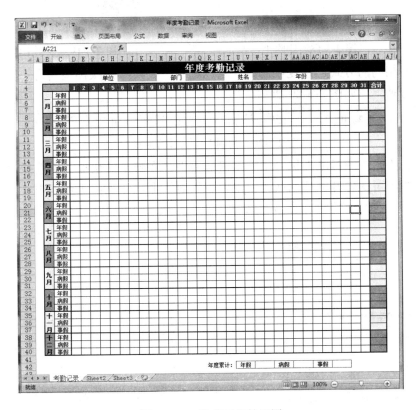

图 2-3-17 当前工作的视图

八、删除、复制、移动、隐藏工作表

1．删除工作表

在工作表标签位置选中第二个工作表"Sheet2"，选择"编辑"菜单中的"删除工作表"命令，删除"Sheet2"；在"Sheet3"工作表标签上单击鼠标右键，在弹出的快捷菜单中选择"删除"，删除"Sheet3"。执行结果如图 2-3-18 所示。

2．移动或复制工作表

选择"考勤记录"工作表标签，单击鼠标右键，在弹出菜单中选择"移动或复制"命令，打开"移动或复制工作表"对话框。在"工作簿"为当前工作簿名称的情况下，在"下列选定工作表之前"列表中选择"(移至最后)"，勾选"建立副本"复选框，如图 2-3-19 所示，单击"确定"按钮，即可完成在已有工作表的最后插入一份同样内容的工作表"考勤记录(2)"。修改新工作表的标签为"李四的考勤"。

图 2-3-18　删除工作表　　　　　　图 2-3-19　复制工作表

使用上面相同的方式，再复制两份"考勤记录"表，并修改标签名为"王五的考勤"和"张三的考勤"，如图 2-3-20 所示。

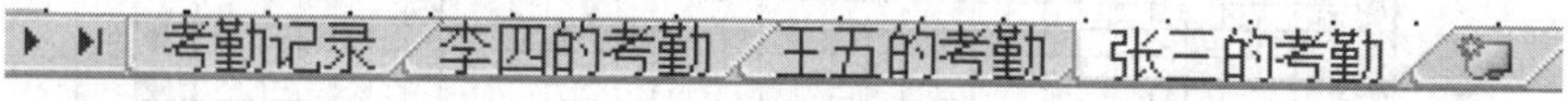

考勤记录／李四的考勤／王五的考勤／张三的考勤

图 2-3-20　复制工作表后的标签栏

在工作表"张三的考勤"标签上单击鼠标右键，在弹出的快捷菜中选择"移动或复制工作表"命令，再次打开"移动或复制工作表"对话框，在当前工作簿中，将"张三的考勤"移动到"李四的考勤"之前，如图 2-3-21 所示。最终工作簿中工作表的顺序如图 2-3-22 所示。

图 2-3-21　移动工作表

图 2-3-22　移动工作表后的标签栏

3. 设置工作表标签颜色

在任意一张工作表标签上单击鼠标右键，在弹出的快捷菜单中选择"选定全部工作表"命令，选定全部工作表；再在工作表标签上单击鼠标右键，在弹出的快捷菜单中选择"工作表标签颜色"命令，弹出颜色列表，如图 2-3-23 所示，在颜色列表中选择"标准色"中的"黄色"，完成工作表标签颜色的设置。

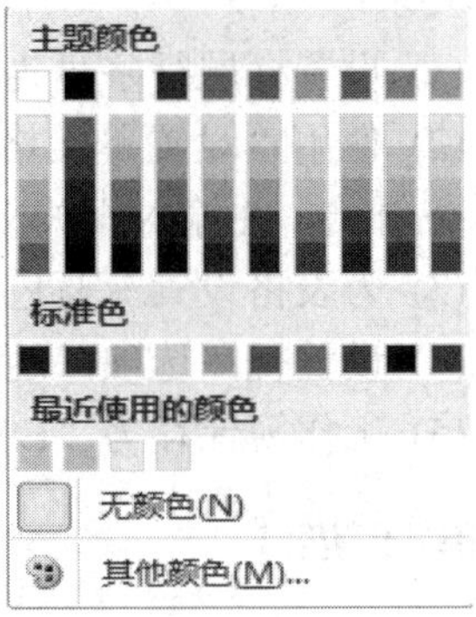

图 2-3-23 设置工作表标签颜色

4. 隐藏工作表

在工作表标签区域选定第一张工作表"考勤记录"，单击鼠标右键，在弹出的快捷菜单中选择"隐藏"命令，实现对工作表的隐藏，如图 2-3-24 所示。若要重新显示"考勤记录"表，在标签栏处，单击鼠标右键，在弹出的快捷菜单中选择"取消隐藏"命令，然后在弹出的"取消隐藏"对话框中选择需要显示的工作表，单击"确定"按钮，即可完成隐藏工作表的显示，如图 2-3-25 所示。

图 2-3-24 隐藏工作表后的标签栏　　　　图 2-3-25 "取消隐藏"工作表对话框

【课堂练习】

制作一份课程表，效果如图 2-3-26 所示。

图 2-3-26 "课程表"效果

要求：

(1) 设置标题行字号为"20"磅，字体为"华文琥珀"。

(2) 使用"设置单元格格式"对话框的"边框"选项卡，为课程表左上角的单元格添加一条斜线，并输入相关文字，实现斜线表头的样式。

(3) 为表格设置深蓝色内、外边框。

(4) 设置视图选项，达到与样例相同的效果。

(5) 工作簿保存为"E:\任务三\课程表.xlsx"。

【知识扩展】

1. 设置工作表背景

为了使工作表更加美观，可以使用图片作为工作表的背景。

设置工作表背景的操作为：切换到"页面布局"选项卡，单击"页面设置"组→"背景"按钮，将会弹出"工作表背景"对话框，如图 2-3-27 所示。在对话框中选择需要作为工作表背景的图片文件，单击"打开"按钮，即可完成工作表背景的设置，如图 2-3-28 所示。

图 2-3-27 "工作表背景"对话框

图 2-3-28 添加背景后的工作表

若要删除工作表背景，可以单击"页面布局"选项卡→"页面设置"组→"删除背景"按钮。

注意：使用图片作为工作背景，图片将会自动平铺到整张工作表中。

2. 使用菜单命令进行填充

在连续的单元格中输入一系列有规律的内容，可以使用序列填充的方式快速完成操作。

如图 2-3-29 所示，"A1:A15"单元格区域中完成了一个等比数列的输入，若使用序列填充的方式进行输入，一般的过程是：首先，在 A1 单元格中输入数值"2"，通过拖动鼠标的方式选中"A1:A15"单元格区域；然后，选择"开始"选项卡→"编辑"组→"填充"按钮→"系列"命令，打开"序列"对话框，如图 2-3-30 所示，在对话框中的"序列产生在"区域中选中"列"，"类型"区域中选中"等比序列"，"步长值"设置为"2"；最后单击"确定"按钮，即可快速实现等比数列的填充。

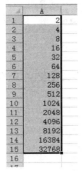
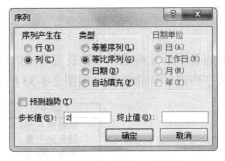

图 2-3-29　步长值为 2 的等比数列　　　　图 2-3-30　"序列"对话框

使用"序列"对话框，可以完成连续单元格区域中规律变化数值的快速填充，对于步长值为"1"的等差数列，也可以在按下"Ctrl"键的同时，通过拖动填充柄的方法实现。

3. 自定义序列

使用智能填充的方式，可以实现快速的数据录入，但智能填充的信息是以 Excel 中的自定义序列为基础的。选择"文件"菜单中的"选项"命令，打开"Excel 选项"对话框，选择"高级"选项，拉动垂直滚动条到窗口最下方，单击窗口中的"编辑自定义列表"按钮，弹出"自定义序列"对话框，如图 2-3-31 所示。

图 2-3-31　"自定义序列"对话框

若要定义一个新的填充序列，可以在"输入序列"区域中输入新序列的内容，如图 2-3-32 所示，输入了一个"唐诗"的序列。输入新序列时，要求序列中的每一项应单独占据一行。序列输入完成后，单击右边的"添加"按钮，即可将新输入的序列添加到自定义序列当中。

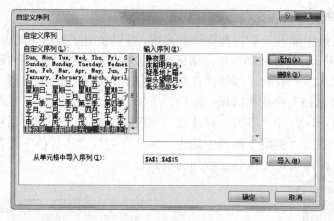

图 2-3-32 添加自定义序列

在工作表的某个单元格输入"静夜思"，然后拖动该单元格的填充柄，系统就会自动使用刚才定义的序列进行智能填充，如图 2-3-33 所示。

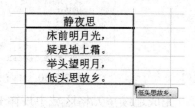

图 2-3-33 使用自定义序列填充

任务四 制作考核成绩统计表

【学习目标】

(1) 理解 Excel 中单元格的引用方法。

(2) 掌握 Excel 中的常用数据类型及其相关的运算、运算符、运算符的优先级等基本知识。

(3) 掌握 Excel 中公式的编辑和使用。

(4) 掌握 Excel 中常用函数的功能、名称、参数的意义和使用方法。

【相关知识】

Excel 中的公式由等号、数值、单元格引用、函数、运算符等元素组成。利用它可以从已有的数据中获得一个新的数据，当公式中相应单元格的数据发生变化时，由公式生成的值也将随之改变。公式是电子表格的核心，Excel 提供了方便的环境来创建复杂的公式。

Excel 中的函数其实是一些预定义的公式，它们使用参数作为特定数值，按特定的顺序或结构进行计算。用户可以直接使用函数对某个区域内的数值进行一系列运算，如对单元格区域进行求和、计算平均值、计数和运算文本数据等。

1. 运算符的类型

公式中的运算符包括算术运算符、比较运算符、文本运算符和引用运算符四种。

(1) 算术运算符。算术运算符如表 2-4-1 所示，主要完成基本的算术运算。

表 2-4-1　算术运算符

算术运算符	含　义	示　例
+（加号）	加	5+5
−（减号）	减；负号	5−1
*（星号）	乘	5*3
/（斜杠）	除	5/2
%（百分号）	百分比	50%
^（脱字符）	乘幂	5^2

(2) 比较运算符。比较运算符如表 2-4-2 所示，可以比较两个数值并产生逻辑 TRUE 或 FALSE。

表 2-4-2　比较运算符

比较运算符	含　义	示　例
=	等于	A1=A2
>	大于	A1>A2
<	小于	A1<A2
>=	大于或等于	A1>=A2
<=	小于或等于	A1<=A2
<>	不等于	A1<>A2

(3) 文本运算符。文本运算符 "&" 可以将两个文本值连接起来产生一个连续的文本值，例如 "中国" & "人民解放军" 的运算结果为 "中国人民解放军"。

(4) 引用运算符。引用运算符如表 2-4-3 所示，可以将单元格区域进行合并运算。

表 2-4-3　引用运算符

引用运算符	含　义	示　例
:（冒号）	区域运算符，产生对 "包括在两个引用之间的所有单元格" 的引用	(A1:A2)
,（逗号）	联合运算符，将多个引用合并为一个引用	(AVERAGE(A1:A2, B2:B3))
（空格）	交叉运算符，产生对 "两个引用共有的单元格" 的引用	(A1:A2　B2:B3)

2．运算顺序

如果一个公式中的参数太多，就要考虑到运算的先后顺序，如果公式中包含相同优先级的运算符，Excel 则从左到右进行运算。如果要修改运算顺序，则要把公式中需要首先计算的总值括在圆括号内。例如公式"=(B2+B3)*D4"，就是先计算加，然后再计算乘。运算符的优先级如表 2-4-4 所示。

表 2-4-4　运算符的优先级

运　算　符	说　明
: (冒号)(单个空格), (逗号)	引用运算符
−	负号
%	百分号
* 或 /	乘和除
+ 和 −	加和减
&	连接两个文本字符串
= > < >= <= <>	比较运算符

3．单元格的引用

引用的作用在于标志工作表上的单元格和单元格区域，并指明使用数据的位置。通过引用，可以在公式中使用工作表中单元格的数据。Excel 2010 为用户提供了相对引用、绝对引用、混合引用和三维引用四种方法。

1) 相对引用

相对引用的格式是直接用单元格或单元格区域名，而不加"$"符号，例如"A1"、"D3"等。使用相对引用后，系统将会记住建立公式的单元格和被引用的单元格的相对位置关系。在粘贴这个公式时，新的公式单元格和被引用的单元格仍保持这种相对位置。

2) 绝对引用

绝对引用就是指被引用的单元格与引用的单元格的位置关系是绝对的，无论将这个公式粘贴到任何单元格，公式所引用的还是原来单元格的数据。绝对引用的单元格的行和列前都有"$"符号，例如"$B$1"和"$D$5"都是绝对引用。

3) 混合引用

混合引用是指在同一单元格中，既有相对引用，又有绝对引用，即混合引用具有绝对列和相对行，或是相对列和绝对行。例如"$D2"(绝对引用列)和"F$2"(绝对引用行)都是混合引用。

4) 三维引用

三维引用是指引用同一工作簿不同工作表中的单元格数据。三维引用的一般格式为："工作表名！单元格地址"。例如，在当前工作表的 A1 单元格中输入公式"=Sheet1！A1+Sheet2！A1"，表示把"Sheet1"工作表 A1 单元格中的值与"Sheet2"工作表 A1 单元格中的值相加的和放在当前工作表 A1 单元格中。另外，还可以引用不同工作簿中的单元格数据，格式为："[工作簿名称]工作表名！单元格地址"。

【任务说明】

公式和函数的使用是 Excel 中的一个重点。在本任务中，通过制作成绩统计表，学习公式的编辑方法和常用函数的使用方法，深刻体会 Excel 给工作带来的便利，从而进一步掌握 Excel 的核心功能。任务的最终效果如图 2-4-1 所示。

图 2-4-1　"考试成绩统计表"样例

【任务实施】

一、新建工作簿文件

启动 Excel 2010，然后单击"快速访问工具栏"上的"保存"按钮，将系统自动新建的工作簿"工作簿 1"保存为"考试成绩统计表"。

二、编辑工作表结构并输入数据

建立如图 2-4-2 所示的"考试成绩统计表"结构并输入数据。

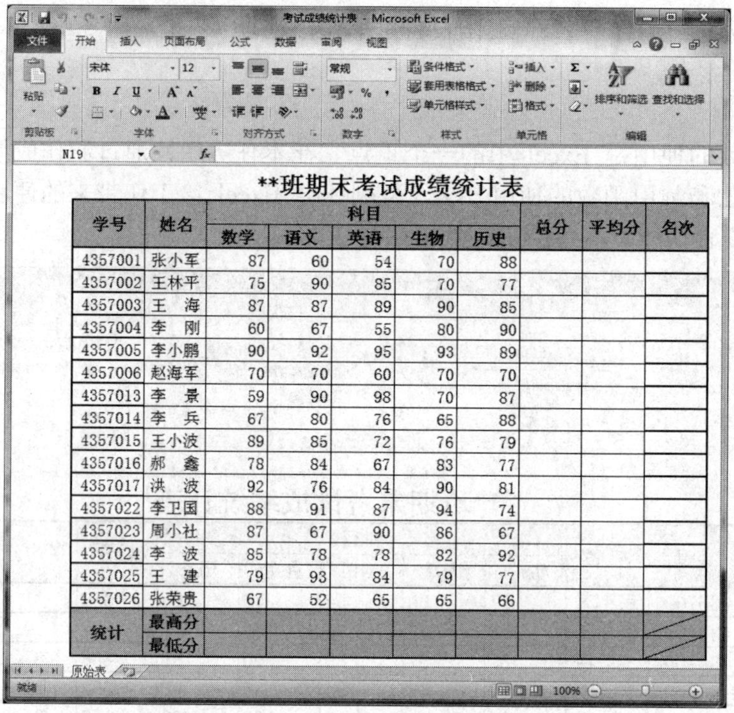

**班期末考试成绩统计表

学号	姓名	科目					总分	平均分	名次
		数学	语文	英语	生物	历史			
4357001	张小军	87	60	54	70	88			
4357002	王林平	75	90	85	70	77			
4357003	王　海	87	87	89	90	85			
4357004	李　刚	60	67	55	80	90			
4357005	李小鹏	90	92	95	93	89			
4357006	赵海军	70	70	60	70	70			
4357013	李　景	59	90	98	70	87			
4357014	李　兵	67	80	76	65	88			
4357015	王小波	89	85	72	76	79			
4357016	郝　鑫	78	84	67	83	77			
4357017	洪　波	92	76	84	90	81			
4357022	李卫国	88	91	87	94	74			
4357023	周小社	87	67	90	86	67			
4357024	李　波	85	78	78	82	92			
4357025	王　建	79	93	84	79	77			
4357026	张荣贵	67	52	65	65	66			
统计	最高分								
	最低分								

图 2-4-2　“考试成绩统计表”结构

1．表名

首先选定“B1:K1”单元格区域，切换到“开始”选项卡，单击“对齐方式”组→“合并后居中”按钮，将该单元格区域合并为一个单元格 B1；然后选定 B1 单元格，从键盘输入“**班期末考试成绩统计表”；最后，运用“字体”组中的相关命令，将表名的字体设置为“华文宋体”，字号设置为“20”磅，字形设置为“加粗”。

2．标题行

合并“B2:B3”区域，输入“学号”；合并“C2:C3”区域，输入“姓名”；合并“D2:H2”区域，输入“科目”；在 D3 到 H3 的五个单元格中，依次输入“数学”、“语文”、“英语”、“生物”、“历史”；合并“I2:I3”区域，输入“总分”；合并“J2:J3”区域，输入“平均分”；合并“K2:K3”区域，输入“名次”。

3．统计行

合并“B19:B20”区域，输入“统计”；在 C19 单元格中输入“最高分”；在 C20 单元格中输入“最低分”。

4．设置单元格格式

选定标题行区域“B2:K2”，执行“开始”选项卡中“单元格”组的“格式”按钮选择“设置单元格格式”命令，弹出“设置单元格格式”对话框，选择“字体”选项卡，在“字体”区域选择“华文宋体”，“字形”区域选择“加粗”，“字号”区域选择“14”；在“对齐”选项卡中，在“文本对齐方式”区域将“水平对齐”和“垂直对齐”均设置为“居中”；在“边框”选项卡中，将内边框的“线条样式”设置为第七行第一列的细实线，外边框的"线条样式"设置为第五行第二列的较粗实线；在"填充"选项卡中，在"背景色"区域选中第四行第五列的淡蓝色，最后单击"确定"按钮完成设置。

选定"B19:C20"区域，打开"设置单元格格式"对话框，选择相应的选项卡，将单元格中的字体设置为"华文宋体"，字号设置为"14"磅，字形设置为"加粗"，水平对齐和垂直对齐均选择"居中"，单元格背景选择为颜色选区中第四行第五列的淡蓝色。

选定"D19:K20"和"I4:K18"单元格区域，字号设置为"14"磅，设置单元格底纹颜色为颜色选区中第二行第一列的最浅灰度颜色。

选定"B19:K20"区域，设置单元格区域的内边框为细实线，外部边框为较粗的实线；选定"B4:K18"区域，字号设置为"14"磅，同样设置单元格区域的内边框为细实线，外部边框为较粗的实线。

5．输入数据

如图 2-4-2 所示，输入 15 名学员待统计的期末考试数据，主要包括每个学员的学号、姓名和语文、数学、英语、生物、历史五门课程的成绩。

三、使用公式计算总分

(1) 编辑公式。选定存放第一个学员总分的单元格 I4，然后在编辑栏中输入公式"=D4+E4+F4+G4+H4"，按回车键或编辑栏上的 ✓ 按钮，即可在该单元格显示出学员五门课程的总分。

(2) 复制公式有两种方法。

方法一：首先选定单元格 I4，并执行复制操作，然后选定 I5 单元格，选择"开始"选项卡→"剪贴板"组→"粘贴"按钮，在弹出的"粘贴"选项列表中选择第一行第二个选项"公式"，如图 2-4-3 所示，即可将 I4 单元格的公式复制到 I5 单元格中。

方法二：首先选定单元格 I4，并执行复制操作，然后选定 I5 单元格，选择"开始"选项卡→"剪贴板"组的"粘贴"命令，在弹出的"粘贴"选项列表中选择最下方的"选择性粘贴"命令，打开"选择性粘贴"对话框，在对话框的"粘贴"区域中选择"公式"，如图 2-4-4 所示，单击"确定"按钮，也可将 I4 单元格的公式复制到 I5 单元格中。因为公式中使用的是相对引用形式，所以当公式被复制到 I5 单元格后，编辑栏中的公式自动变更为"=D5+E5+F5+G5+H5"，因此能够正确求得第二个学员的总分数。

图 2-4-3　"粘贴"选项列表　　　　　图 2-4-4　"选择性粘贴"对话框

(3) 填充公式。选定 I5 单元格，并将鼠标移动到该单元格右下角的填充柄处，当鼠标指针变为实心的十字形状时，按下鼠标左键，拖动到 I18 单元格上方后，松开鼠标左键，即可完成公式的填充，此时"成绩表"中每位学员的总分都已经通过公式计算出来。

四、使用函数计算平均分

(1) 插入函数。有两种方法，一种方法是直接利用"公式"选项卡中列出的函数进行计算；另一方法是利用"插入函数"对话框进行操作。

方法一：选定 J4 单元格，选择"公式"选项卡→"函数库"组→"自动求和"命令按钮，在下拉列表中选择"平均值"命令，然后通过拖动鼠标的操作一次性选定 D4 到 H4 这五个单元格，此时编辑框中显示"=AVERGE(D4:H4)"，按回车键或编辑栏上的 ✓ 按钮，即可在该单元格计算出第一个学员五门课程的平均分。如图 2-4-5 所示。

J4		▼	ƒx	=AVERAGE(D4:H4)							

	A	B	C	D	E	F	G	H	I	J	K	L
1				**班期末考试成绩统计表								
2		学号	姓名	科目					总分	平均分	名次	
3				数学	语文	英语	生物	历史				
4		4357001	张小军	87	60	54	70	88	359	71.8		
5		4357002	王林平	75	90	85	70	77	397			

图 2-4-5　利用"平均值"函数计算

方法二：选定 J5 单元格，选择"公式"选项卡→"函数库"组→"插入函数"命令按钮，弹出"插入函数"对话框，如图 2-4-6 所示。在"插入函数"对话框的"选择函数"列表中选择平均值计算函数"AVERAGE"，单击"确定"按钮，弹出"函数参数"对话框，如图 2-4-7 所示。单击"Number1"文本框右端的选取按钮，对话框自动隐藏为一个参数行，然后在工作表中选定 D5 单元格，再单击参数行右端的选取按钮，此时第一个参数就已经添加到了"Number1"文本框中。按照相同的方法，将 E5、F5、G5、H5 四个单元格依次添加到参数"Number2"、"Number3"、"Number4"、"Number5"。最后，单击"确定"按钮，第二个学员的平均成绩即显示在 J5 单元格中。

图 2-4-6　"插入函数"对话框

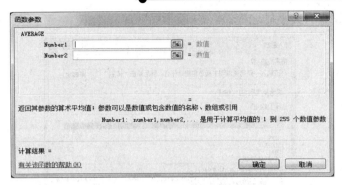

图 2-4-7 "函数参数"对话框

注意：函数参数选取过程中，也可以一次选择多个单元格，例如在上面的操作中，可以在选取"Number1"时，通过拖动鼠标的操作一次性选定 D4 到 H4 单元格区域，此时，"Number1"参数的文本框内容将会显示"D4:H4"，此时单击"确定"按钮，也同样可以通过函数计算出学员成绩的平均分。

(2) 输入函数。首先选定单元格 J5，然后在编辑栏中直接输入函数"=AVERAGE(D5: H5)"，键入回车或单击编辑栏上的 ✓ 按钮，可以求得第二个学员的平均分。

(3) 填充函数。与填充公式相同，通过拖动填充柄的方式，计算所有学员的平均分。

注意：上一步计算学员总分列的数值时，也可以使用函数来完成，实现求和功能的函数名为"SUM"。

五、使用函数进行成绩的统计

成绩的统计行需要计算出每门课程的最高分和最低分，以及所有学员中总分和平均分的最高分和最低分。在这里，需要使用"最大值"(MAX)和"最小值"(MIN)函数来完成。

首先选定 D20 单元格，然后选择"公式"选项卡→"函数库"组→"自动求和"命令按钮，在下拉列表中选择"最大值"命令，然后在工作表中用拖动鼠标的形式选定 D4 到 D19 单元格区域，键入回车或单击编辑栏上的 ✓ 按钮，完成"数学"课程中最高分的计算。

使用函数填充的方式，拖动 D20 单元格的填充柄至 J20，完成最高分的计算。

选定 D21 单元格，通过插入函数的形式插入"MIN"函数，并将参数设置为"D4:D19"，完成"数学"课程最低分的计算，使用填充功能，拖动 D21 单元格的填充柄，完成最低分的计算。

六、使用函数计算名次

使用"RANK.EQ"函数计算每位学员的名次。"RANK.EQ"函数属于"统计"类函数，可以在"公式"选项卡→"函数库"组→"其他函数"命令按钮→"统计"函数列表中找到，这里将用"插入函数"的形式进行。

首先选定 K4 单元格，然后选择"公式"选项卡→"函数库"组→"插入函数"命令按钮，在弹出的"插入函数"对话框的"或选择类别"中选择"统计"，在"选择函数"列表中选择"RANK.EQ"。此时可以看到对话框底部已经给出了该函数功能的相关说明，如图 2-4-8 所示。可以看出，该函数共有三个参数，实现的功能是"返回某数字在一列数字中相对于其他数值的大小排名"。

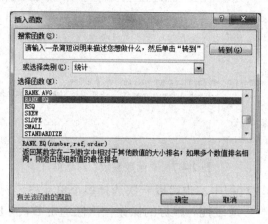

图 2-4-8 插入"RANK.EQ"函数

单击"确定"按钮，关闭"插入函数"对话框，并弹出"函数参数"对话框，如图 2-4-9 所示。

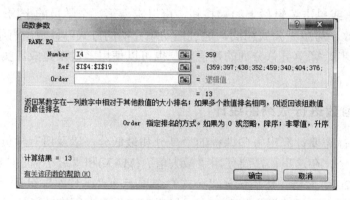

图 2-4-9 "RANK.EQ"函数参数

(1) "Number"参数：指定需要计算名次的数字。

单击"Number"参数文本框右端的选取按钮后，"函数参数"对话框折叠为一行，然后选定工作表中的 I4 单元格，即第一位学员的总分，再单击对话框右端的选取按钮，展开"函数参数"对话框，此时"Number"参数的值为"I4"。

(2) "Ref"参数：用来确定名次大小的一系列数据。

单击"Ref"参数文本框右端的选取按钮，在对话框折叠为一行后，选定所有学员的总分数据，即从 I4 到 I19，再单击对话框右端的选取按钮，展开"函数参数"对话框，此时 Ref 参数的值为"I4:I19"。

(3) "Order"参数：指定排序的方式。

在"Order"参数的文本框中，输入"0"，表示成绩的名次是按照总分的降序顺序排列的，即总分最高的为第一名。然后单击"函数参数"对话框中的"确定"按钮，第一个学员的名次已经出现在了 K4 单元格中。

注意：由于确定名次的所有学员的总分数据是固定不变的，为了使用填充的形式计算所有学员的名次，需要将 K4 单元格"RANK.EQ"函数的第二个参数中的单元格引用形式，更改为绝对引用。

选定 K4 单元格，编辑栏将显示出该单元格中所编辑的公式内容，通过键盘输入，将原来"RANK.EQ"函数的第二个参数"I4:I19"更改为"$I$4:$I$19"。

最后，使用拖动 K4 单元格填充柄的方式，将 K4 单元格中的公式填充到"K5:K19"区域。此时，所有学员总分的名次的结果已正确显示在了名次列中。

七、保存

将工作簿保存到"E:\任务四\考试成绩统计表.xlsx"。

【课堂练习】

完成"年度考勤记录表"中的考勤计算功能。

要求：

(1) 标题行显示文本为"单位＋部门＋姓名＋年份＋年度考勤记录"。

(2) 完成每个月的考勤计算。

(3) 完成年度累计部分的计算。

【知识扩展】

1．函数的分类

函数是 Excel 提供的用于数值计算和数据处理的公式，其参数可以是数字、文本、逻辑值、数组、错误值或单元格引用，也可以是常量、公式或其他函数。函数的语法以函数名称开始，后面是左括号、以逗号隔开的参数和右括号。如果函数要以公式形式出现，在函数名称前面输入等号"="即可。

(1) 常用函数：就是经常使用的函数，包括 SUM、AVERAGE、IF、COUNT、MAX、SIN、SUMIF、PMT、STDEV、HYPERLINK 等。

(2) 财务函数：用于财务的计算，例如 PMT 可以根据利率、贷款金额和期限计算出所要支付的金额。

(3) 统计函数：用于对数据区域进行统计分析。

(4) 查找和引用函数：用于在数据清单或表格中查找特定数值或查找某一个单元格的引用。

(5) 信息函数：用于确定存储在单元格中的数据类型。

(6) 时间和日期函数：用于分析处理日期和时间值。系统内部的日期和时间函数包括 DATE、DATEVALUE、DAY、HOUR、TODAY、WEEKDAY、YEAR 等。

(7) 数学与三角函数：用于进行各种各样的数学计算，主要包括 ABS、PI、ROUND、SIN、TAN 等。

(8) 文本函数：用于处理文本字符串，主要包括 LEFT、MID、RIGHT 等。

(9) 逻辑函数：用于进行真假值判断或进行复合检查，主要包括 AND、OR、NOT、TRUE、

FALSE、IF 等。

(10) 数据库函数：用于对存储在数据清单或数据库中的数据进行分析。

2．编辑公式

单元格中的公式也可以像单元格中的其他数据一样被编辑，即用户可对其进行修改、复制、移动、删除等操作。

(1) 修改公式：选定要修改公式所在的单元格，此时该单元格处于编辑状态，然后在编辑栏中对公式进行修改，修改完成后，按回车键进行确认。

(2) 复制公式：选定要复制公式所在的单元格，选择"开始"选项卡→"剪贴板"组→"复制"按钮，然后选定目标单元格，选择"剪贴板"组→"粘贴"按钮即可。

(3) 移动公式：选定要移动公式所在的单元格，当鼠标指针变为向四周扩展的箭头形状时，按住鼠标左键拖至目标单元格，释放鼠标即可。

(4) 删除公式：选定要删除公式所在的单元格，按"Delete"键，即可将单元格中的公式及其计算结果一同删除。

3．命名公式

可以为经常使用的公式命名，以便于使用。其操作步骤如下：

(1) 选择"公式"选项卡→"定义的名称"组→"名称管理器"按钮，在弹出的"名称管理器"对话框中单击"新建"按钮，弹出"新建名称"对话框，如图 2-4-10 所示。

(2) 在"名称"文本框中输入公式所要定义的名称，如"求平均值"。

(3) 在"引用位置"下的文本框中输入公式或函数，如输入"= AVERAGE(Sheet1！B1:D2)"，表示将对工作表"Sheet1"中的"B1:D2"共 6 个单元格求平均数，单击"确定"按钮，关闭"新建名称"对话框，公式就添加好了，如图 2-4-11 所示。

图 2-4-10　"新建名称"对话框

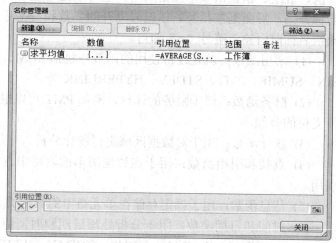

图 2-4-11　"名称管理器"对话框

(4) 设置完成后，单击"关闭"按钮，即可完成公式的命名。

使用已命名公式的方法是粘贴名称。选定需要插入公式的单元格，执行"公式"选项卡→"定义的名称"组→"用于公式"按钮的"求平均值"命令，即可完成名称的粘贴。

4．隐藏公式

如果不想让其他人看到自己所使用公式的细节，可以对公式隐藏。单元格中的公式隐藏后，再次选定该单元格，编辑栏将不会出现原来的公式。

隐藏公式的具体操作步骤如下：

(1) 选定要隐藏公式的单元格或单元格区域。

(2) 选择"开始"选项卡→"单元格"组→"格式"按钮→"设置单元格格式"命令，弹出"设置单元格格式"对话框，切换到"保护"选项卡，如图 2-4-12 所示。

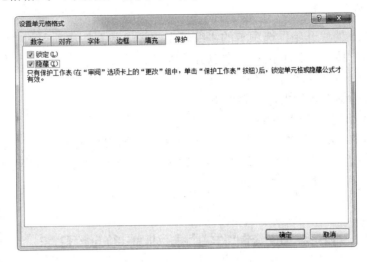

图 2-4-12　设置公式隐藏

(3) 在该选项卡中选中"隐藏"复选框，单击"确定"按钮。

(4) 选择"审阅"选项卡→"更改"组→"保护工作表"按钮，弹出"保护工作表"对话框，如图 2-4-13 所示。

(5) 在该对话框中的"取消工作表保护时使用的密码"文本框中输入密码，单击"确定"按钮，弹出"确认密码"对话框，如图 2-4-14 所示。

图 2-4-13　"保护工作表"对话框

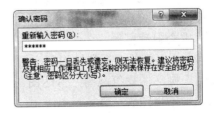

图 2-4-14　"确认密码"对话框

(6) 在该对话框中的"重新输入密码"文本框中再次输入密码，单击"确定"按钮。

(7) 设置完成后，公式将被隐藏，不再出现在编辑栏中，起到保护公式的作用。

用户需要显示隐藏的公式，可以选择"审阅"选项卡→"更改"组→"撤消工作表"按钮，弹出"撤消工作表保护"对话框，如图 2-4-15 所示。在该对话框中的"密码"文本框中输入密码，单击"确定"按钮，即可撤消对工作表的保护，此时在编辑栏中将再次出现单元格中公式的内容。

图 2-4-15　"撤消工作表保护"对话框

5．自动求和

在 Excel 2010 的"开始"选项卡的"编辑"组和"数据"选项卡的"函数库"组中有一个"自动求和"按钮，其下拉列表中包含了求和、平均值、计数、最大值、最小值等常用功能，可以方便地进行常用函数的求值。

以自动求和为例，具体操作步骤如下：

(1) 将光标定位在工作表中的任意一个单元格中。

(2) 单击"自动求和"按钮，将自动出现求和函数 SUM 以及求和的数据区域。

(3) 如果所选的数据区域并不是所要计算的区域，可以对计算区域重新进行选择，然后按回车键确认，即可得到计算结果。

任务五　制作射击训练统计图表

【学习目标】

(1) 掌握使用图表向导创建图表的一般操作过程。

(2) 掌握对图表类型、图表源数据、图表选项、图表位置进行修改的方法。

(3) 掌握对图表中的图表区、绘图区、分类轴、网格线、图例等元素进行调整的方法，以及对图表背景、颜色、字体等内容进行修饰的方法。

【相关知识】

图表是 Excel 最常用的对象之一，它是依据选定的工作表单元格区域内的数据，按照一定的数据系列生成的，是工作表数据的图形化表示。与工作表数据相比，图表能形象地反映出数据的对比关系及趋势，可以将抽象的数据形式化。当数据源发生变化时，图表中对应的数据也会自动更新。

Excel 2010 提供的图表有柱形图、折线图、饼图、条形图、面积图、XY 散点图、股价图、曲面图、圆环图、气泡图、雷达图，共 11 种类型，而且每种图表还有若干个子类型。以下介绍几种常用图表。

1．柱形图和条形图

柱形图和条形图主要用于显示一个或多个数据系列间数值的大小关系。

2．折线图

折线图通常用来表示一段时间内某种数值的变化情况，常见的如股票价格折线图等。

3．饼图

饼图主要用于显示数据系列中每一项与该系列数值总和的比例关系，一般只显示一个数据系列。比如表示各种商品的销售量与全年销售量的比例、人员学历结构比例等，都可以使用饼图。

4．XY 散点图

散点图多用于绘制科学实验数据或数学函数等图形，例如绘制正弦和余弦曲线。

5．圆环图

圆环图与饼图类似，也用于表示部分数据与整体间的关系，但它可以显示多个数据系列。

6．组合图表

组合图表指的是在一个图表中，使用两种或多种图表类型来表示不同类型数据的图表。

【任务说明】

我们生活的这个世界是丰富多彩的，大多数知识都来自于视觉。也许我们无法记住一连串的数字，以及它们之间的关系和趋势，但我们可以很轻松地记住一幅图画或者一个曲线。因此，在 Excel 中使用图表，会使数据更加生动形象，更易于理解和交流。

小张是一连二排三班的班长，近期他们班进行了三次实弹射击训练，并将成绩记录在了 Excel 工作表中。为了分析本班所有人员在三次训练中的不同表现，小张在班务会上讲评训练结果时，使用 Excel 图表的形式对全班成绩进行了展示，达到了很好的效果。

本任务将学习如何在 Excel 中创建图表，以及编辑图表的格式，最终的效果如图 2-5-1 所示。

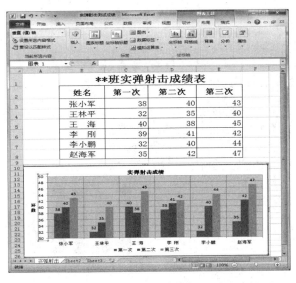

图 2-5-1　任务四样例

【任务实施】

一、打开工作簿文件

启动 Excel 2010，打开"文件"菜单，选择"打开"命令，弹出"打开"对话框，在对话框中选择已有的"实弹射击测试成绩"表，单击"打开"按钮，打开已有的工作簿文件，该工作簿中工作表的内容如图 2-5-2 所示。

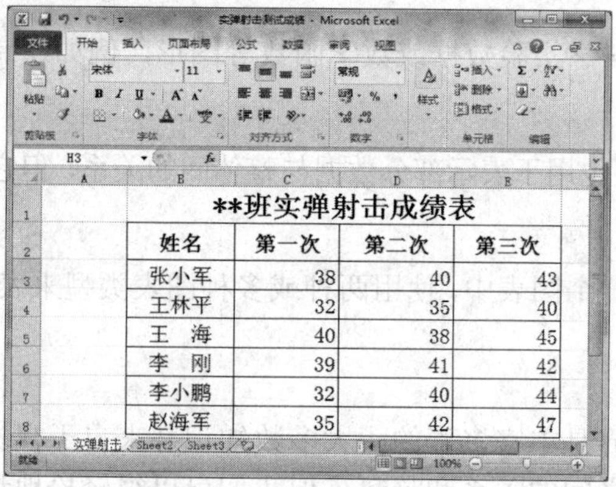

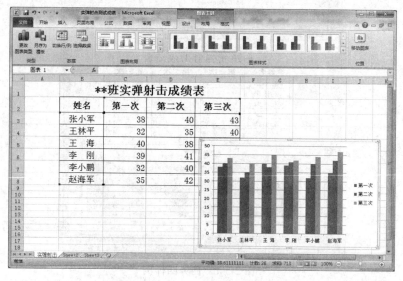

图 2-5-2　成绩表

二、插入图表

1. 选择图表类型

选定工作表中用于生成图表的"B2:E8"单元格区域，选择"插入"选项卡→"图表"组→"柱形图"按钮，在选项列表中选择"簇状柱形图"，在工作表区域，插入如图 2-5-3 所示的图表。

图 2-5-3　插入"簇状柱形图"

2. 调整图表的大小和位置

通过选择图表类型，在工作表区域插入图表后，首先要调整好图表的大小和位置。

1) 选定图表

在图表区域中的空白处单击鼠标左键，即可选定图表。图表被选定后，图表周围将会出现 8 个控制点。

2) 调整图表大小

在图表被选定的基础上，将鼠标指针移动到对应的控制点上，当鼠标指针变为箭头形状时，按住鼠标左键并拖动该控制点到合适位置，即可完成图表大小的调整。

3) 调整图表的位置

将鼠标指针移动到图表区域的空白处后，按住鼠标左键并拖动，在拖动过程中，将以虚线框的形式显示图表移动的目标位置，到达合适位置后，松开鼠标左键，即可完成图表位置的调整。

如图 2-5-4 所示，调整图表的大小和位置，使图表覆盖工作表中"A10:F26"单元格区域。

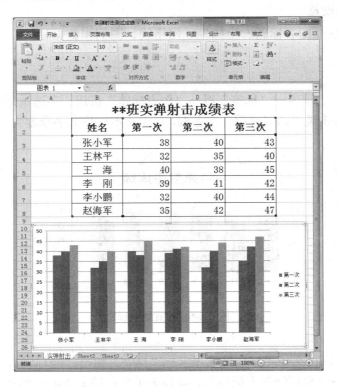

图 2-5-4　调整大小位置后的图表

3. 设置图表数据源

插入图表后，在"视图"选项卡后又出现了"设计"、"布局"、"格式"这三个与图表设计相关的选项卡。选择"设计"选项卡→"数据"组→"数据"按钮，弹出"选择数据源"对话框，在"图表数据区域"文本框中，显示插入图表之前所选定的数据区域"=实弹射击! $B$2:$E$8"，如图 2-5-5 所示。如果需要更改数据区域，可以单击文本框右端的选取按钮，在工作表中重新选定数据区域。"图例项"和"水平(分类)轴标签"中的设置不变，单击"确定"按钮关闭对话框。

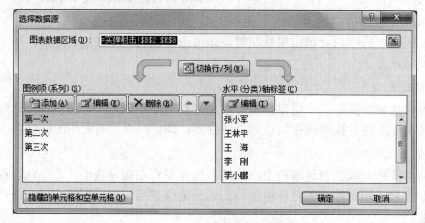

图 2-5-5　设置图表数据源

4.图表外观设置

图表外观包括：图表标题、坐标轴、网格线、图例和数据标签。下面就对这些外观进行设置。

1) 图表标题

选择"布局"选项卡→"标签"组→"图表标题"按钮，在选项列表中选择"图表上方"，在图表上方出现"图表标题"文本框，单击文本框将文字修改为"实弹射击成绩"，如图 2-5-6 所示。

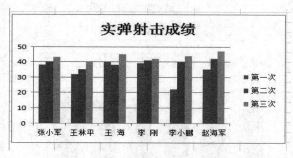

图 2-5-6　设置图表标题

2) 坐标轴

(1) 坐标轴标题：选择"布局"选项卡→"标签"组→"坐标轴标题"按钮→"主要横坐标轴标题"→"坐标轴下方标题"，将图表中出现的文本框中的文字"坐标轴标题"改为"人员"；选择"布局"选项卡→"标签"组→"坐标轴标题"按钮→"主要纵坐标轴标题"→"竖排标题"，将图表中出现的文本框中的文字"坐标轴标题"改为"环数"。

(2) 坐标轴：选择"布局"选项卡→"坐标轴"组→"坐标轴"按钮→"主要横坐标轴"→"显示从左向右坐标轴"，设置出图表中 X 轴的标记显示；选择"布局"选项卡→"坐标轴"组→"坐标轴"按钮→"主要纵坐标轴"→"显示默认坐标轴"，设置出图表中 Y 轴的标记显示，如图 2-5-7 所示。

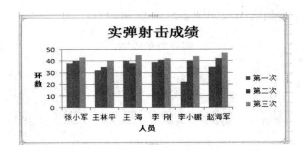

图 2-5-7　设置坐标轴

3）网格线

网格线主要用于设置图表中网格线条的显示。选择"布局"选项卡→"坐标轴"组→"坐标轴网格线"按钮→"主要横网格线"→"主要网格线"，设置出图表中横网格线的显示；选择"布局"选项卡→"坐标轴"组→"网格线"按钮→"主要纵网格线"→"主要网格线"，设置出图表中纵网格线的显示，如图 2-5-8 所示。

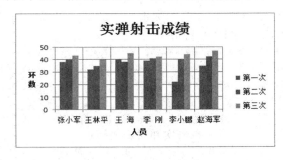

图 2-5-8　设置网格线

4）图例

图例主要用于设置在图表中是否显示图例，以及图例的显示位置。选择"布局"选项卡→"标签"组→"图例"按钮→"在底部显示图例"，此时图表中有图例显示，并且是在图表的底部，如图 2-5-9 所示。

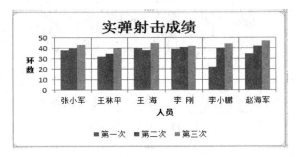

图 2-5-9　设置图例

5）数据标签

数据标签主要用于设置图表中数据标签的显示内容。选择"布局"选项卡→"标签"组→"数据标签"按钮→"数据标签外"，此时在图表中显示了数据标签，并且数据显示在柱形图的上方。

通过上面的操作，得到的图表如图 2-5-10 所示。

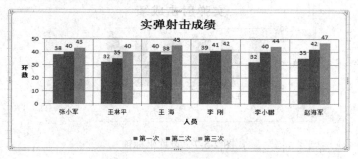

图 2-5-10　设置外观后的图表

三、图表的自动更新

所创建图表的显示信息是与其数据区域中的数值紧密相关的，如果数据区域中的数值发生变化，图表的显示内容将自动更新。

修改实弹射击工作表中 C7 单元格的数值为"32"，可以看到"实弹射击成绩"图的显示信息自动进行了更新，如图 2-5-11 所示。

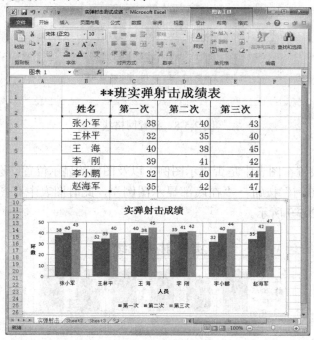

图 2-5-11　图表自动更新

四、格式化图表

为了使图表中的信息更加清晰、美观，可以对图表中的不同对象进行格式修改。首先，切换到"格式"选项卡，当将鼠标移动到图表的不同位置时，"当前所选内容"组中的"图表元素"处将提示该区域对象的名称，如图表区、绘图区、图表标题、图例、垂直(值)轴、水平(类别)轴、系列数据标签等，单击鼠标即可选定该对象，也可以直接在"图表元素"

列表中选择图表中的不同对象。在选定图表中的相关对象后，可以通过单击"当前所选内容"组中的"设置所选内容格式"按钮，打开相应的格式设置对话框，或是直接单击"格式"功能区中的命令按钮，进行图表中对象格式的设置。

1．图表区

单击工作表中图表的图表区，单击"当前所选内容"组中的"设置所选内容格式"按钮，打开"设置图表区格式"对话框，如图 2-5-12 所示。为图表设置带有阴影的自定义边框，线条使用蓝色的细实线，效果如图 2-5-13 所示。

图 2-5-12　"设置图表区格式"对话框

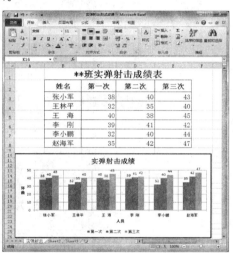

图 2-5-13　设置图表区边框

2．图表标题

单击图表标题"实弹射击成绩"，选定图表标题。选择"开始"选项卡→"字体"组→"字体"，设置标题字体为"华文中宋"，字形为"加粗"，字号为"12"磅。选定 X 轴标题"人员"，按"Delete"键对其进行删除，最终效果如图 2-5-14 所示。

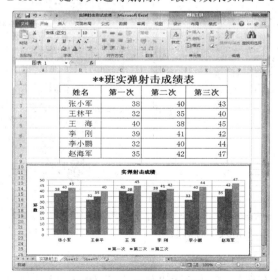

图 2-5-14　设置图表标题

3．绘图区

选中图表，选择"格式"选项卡→"当前所选内容"组→"图表元素"列表中选择"绘图区"。此时，图表中的绘图区将处于选定状态，出现一个边框标识绘图区的范围。拖动绘图区上边框和下边框中间的控制点，在不覆盖其他对象的前提下，将绘图区的高度调整到最大，如图 2-5-15 所示。

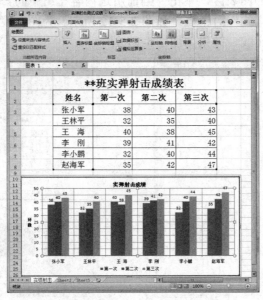

图 2-5-15　设置绘图区大小

单击"当前所选内容"组中的"设置所选内容格式"按钮，打开"设置绘图区格式"对话框，如图 2-5-16 所示。设置绘图区的区域背景颜色为"淡蓝色"，最终效果如图 2-5-17 所示。

图 2-5-16　"设置绘图区格式"对话框

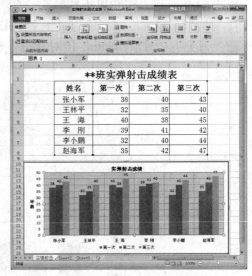

图 2-5-17　设置绘图区背景

4．垂直(值)轴

选中图表，选择"布局"选项卡→"坐标轴"组→"坐标轴"按钮→"主要纵坐标轴"→"其他主要纵坐标轴选项"命令，打开"设置坐标轴格式"对话框，选择"坐标轴选项"，如图 2-5-18 所示。最小值：选择"固定"，值设置为"30.0"；最大值：选择"固定"，值设置为"50.0"；主要刻度单位：选择"固定"，值设置为"5.0"，最终效果如图 2-5-19 所示。

图 2-5-18 "设置坐标轴格式"对话框

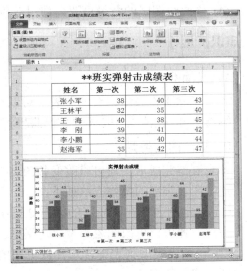

图 2-5-19 设置坐标轴格式

五、保存

将工作簿保存到"E：\任务五\实弹射击成绩图表.xlsx"。

【课堂练习】

根据任务五已有的数据，制作全班人员三次实弹射击的成绩走向折线图，并将图表以单独的工作表插入到工作簿中，最终的效果如图 2-5-20 所示。

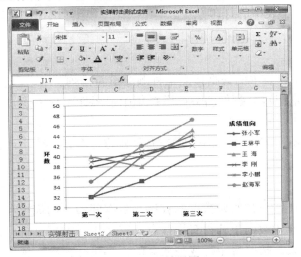

图 2-5-20 效果图

要求：

(1) 使用向导插入"折线图"图表，系统产生于"行"。

(2) 更改图表中标题对象的格式及位置。

(3) 加粗折线图中线条的显示格式。

(4) 修改绘图区的背景设置，使用双色的角度辐射渐变颜色。

【知识扩展】

1．删除图表

若要删除工作表中已有的图表，可以在选定图表对象后，切换到"开始"选项卡，选择"编辑"组→"清除"按钮→"全部清除"命令，或按键盘的"Delete"键，删除图表对象。

2．更改图表类型

图表制作完成后，还可以改变其图表类型，如把柱形图变成饼图、折线图等。

更改图表类型的操作方法如下：

(1) 选定图表，在图表区的空白处单击鼠标右键，在弹出的快捷菜单中选择"图表类型"命令，弹出"更改图表类型"对话框。

(2) 在图表类型列表中，选择欲更改的图表类型，单击"确定"按钮，原图表即可更改为新的图表类型。

任务六　制作士兵信息统计表

【学习目标】

(1) 掌握电子表格的排序操作。

(2) 掌握对数据进行筛选和高级筛选的方法。

(3) 学会 Excel 电子表格的打印方法。

【相关知识】

(1) 排序：是将工作表中的数据按照某种顺序重新排列。

(2) 数据筛选：是把符合条件的数据资料集中显示在工作表上，不合要求的数据暂时隐藏在幕后。

(3) 数据分类汇总：是将工作表中的数据按类别进行合计、统计、取平均数等汇总处理。

【任务说明】

已有的电子表格往往只是原始数据的存储，数据间潜在的规律和特征并不能直接显现出来。为了从大量的原始数据中获得有用信息，就必须对数据进行一定的加工和处理，从而得到我们想要的结果。按照特定行或列数据的大小进行排序，依据某种条件将特定的数据筛选出来，对相关数据分类后进行汇总，以更加友好的方式显示分析后的结果等，都是常用的数据加工和处理手段。通过本任务的学习，掌握 Excel 中排序、筛选、汇总等数据操作，进一步学习 Excel 的高级功能。本任务的效果如图 2-6-1 所示。

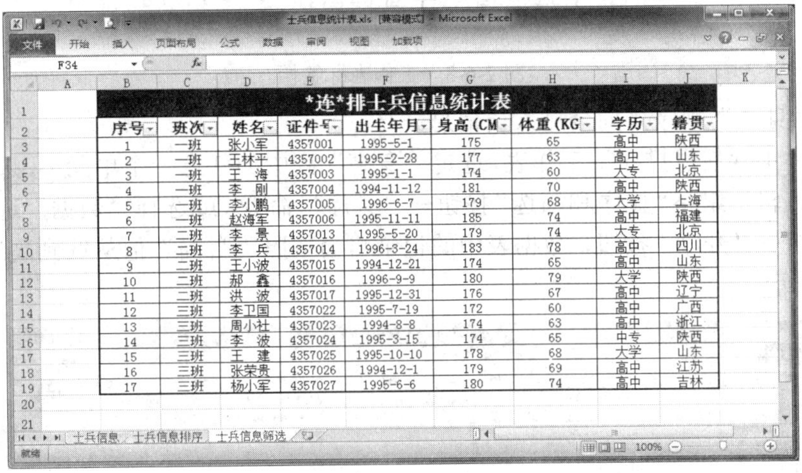

图 2-6-1　任务六样例

【任务实施】

一、打开工作簿文件

启动 Excel 2010，打开已有的"士兵信息统计表"工作簿，如图 2-6-2 所示。

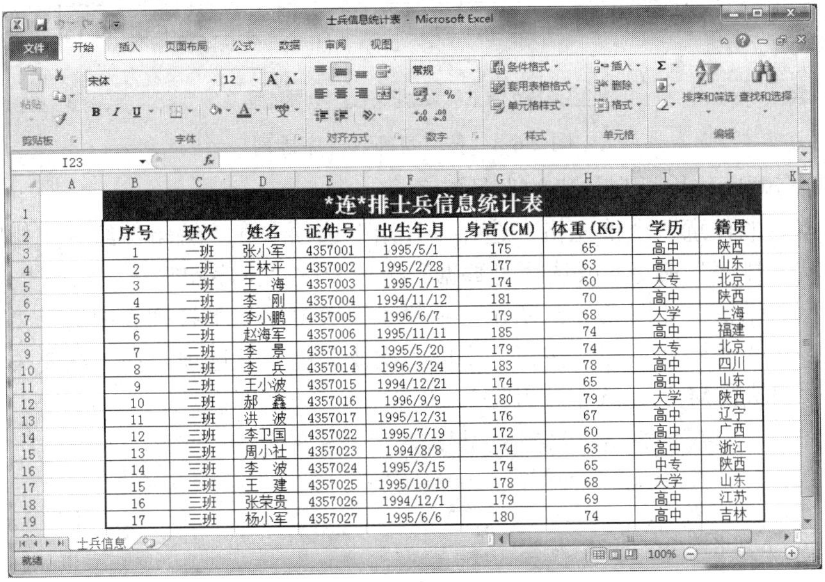

图 2-6-2　士兵信息统计表

二、排序

(1) 复制"士兵信息"工作表到所有工作表之后，重命名为"士兵信息排序"，如图

2-6-3 所示。

士兵信息 士兵信息排序

图 2-6-3　工作表标签栏

（2）按"身高"顺序排列全排人员信息。

切换到"士兵信息排序"工作表，选定"身高"列中的任意一个单元格，选择"开始"
选项卡→"编辑"组→"排序和筛选"按钮→"升序"命令，或选择"数据"选项卡→"排
序和筛选"组→"升序"按钮，数据表中的记录将会按照"身高"值从低到高的顺序排列，
如图 2-6-4 所示。

序号	班次	姓名	证件号	出生年月	身高(CM)	体重(KG)	学历	籍贯
12	三班	李卫国	4357022	1995/7/19	172	60	高中	广西
3	一班	王　海	4357003	1995/1/1	174	60	大专	北京
9	二班	王小波	4357015	1994/12/21	174	65	高中	山东
13	三班	周小壮	4357023	1994/8/8	174	63	高中	浙江
14	三班	李　波	4357024	1995/3/15	174	65	中专	陕西
1	一班	张小军	4357001	1995/5/1	175	65	高中	陕西
11	二班	洪　波	4357011	1995/12/31	176	67	高中	辽宁
2	一班	王林平	4357002	1995/2/28	177	63	高中	山东
15	三班	王　建	4357025	1995/10/10	178	68	大学	山东
5	一班	李小鹏	4357005	1996/6/7	179	68	高中	上海
7	二班	李　景	4357013	1995/5/20	179	74	大专	北京
16	三班	张荣贵	4357026	1994/12/1	179	69	高中	江苏
10	二班	郝　鑫	4357016	1996/9/9	180	79	大学	陕西
17	三班	杨小军	4357027	1995/6/6	180	74	高中	吉林
4	一班	李　刚	4357004	1994/11/12	181	70	高中	陕西
8	一班	李　兵	4357014	1996/3/24	183	78	高中	四川
6	一班	赵海军	4357006	1995/11/11	185	74	高中	福建

图 2-6-4　按"身高"升序排列

（3）按身高顺序依次排列各班的人员信息。

选定数据表的任意一个单元格，选择"开始"选项卡→"编辑"组→"排序和筛选"
按钮→"自定义排序"命令，或选择"数据"选项卡→"排序和筛选"组→"排序"按钮，
打开"排序"对话框，如图 2-6-5 所示。在"主要关键字"下拉列表中选择"班次"，选
中"升序"，单击"添加条件"按钮，出现"次要关键字"选项，在"次要关键字"下拉
列表中选择"身高(CM)"，选中"升序"。

图 2-6-5　"排序"对话框

单击"选项"按钮,打开"排序选项"对话框,如图 2-6-6 所示。在"方法"区域中选中"笔划排序"单选项,单击"确定"按钮,关闭"排序选项"对话框。

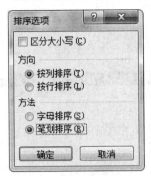

图 2-6-6 "排序选项"对话框

单击"确定"按钮,完成排序设置,数据表的记录情况如图 2-6-7 所示。

序号	班次	姓名	证件号	出生年月	身高(CM)	体重(KG)	学历	籍贯
3	一班	王 海	4357003	1995/1/1	174	60	大专	北京
1	一班	张小军	4357001	1995/5/1	175	65	高中	陕西
2	一班	王林平	4357002	1995/2/28	177	63	高中	山东
5	一班	李小鹏	4357005	1996/6/7	179	68	大学	上海
4	一班	李 刚	4357004	1994/11/12	181	70	高中	陕西
6	一班	赵海军	4357006	1995/11/11	185	74	高中	福建
9	二班	王小波	4357015	1994/12/21	174	65	高中	山东
11	二班	洪 波	4357017	1995/12/31	176	67	高中	辽宁
7	二班	李 景	4357013	1995/5/20	179	74	大专	北京
10	二班	郝 鑫	4357016	1996/9/9	180	79	大学	陕西
8	二班	李 兵	4357014	1996/3/24	183	78	高中	四川
12	三班	李卫国	4357022	1995/7/19	172	60	高中	广西
13	三班	周小壮	4357023	1994/8/8	174	63	高中	浙江
14	三班	李 波	4357024	1995/3/15	174	65	中专	陕西
15	三班	王 建	4357025	1995/10/10	178	68	大学	山东
16	三班	张荣贵	4357026	1994/12/1	179	69	高中	江苏
17	三班	杨小军	4357027	1995/6/6	180	74	高中	吉林

图 2-6-7 各班人员排序列结果

三、筛选

(1) 复制"士兵信息"工作表到所有工作表之后,并将其重命名为"士兵信息筛选",如图 2-6-8 所示。

士兵信息 士兵信息排序 士兵信息筛选

图 2-6-8 工作表标签栏

(2) 使用自动筛选查看"学历"为"大学"的人员信息。

选定"学历"列中任意一个单元格,选择"开始"选项卡→"编辑"组→"排序和筛选"按钮→"筛选"命令,或选择"数据"选项卡→"排序和筛选"组→"筛选"按钮。

这时，数据表中所有字段名的右侧都会添加一个下拉按钮，如图 2-6-9 所示。

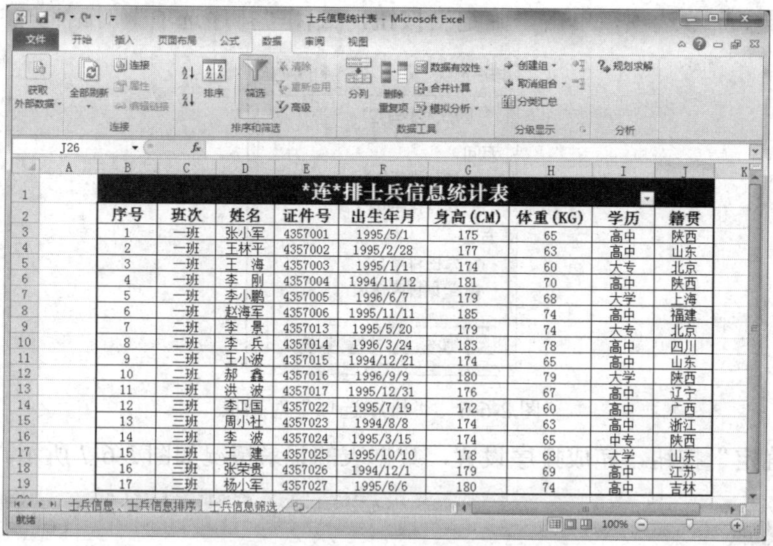

图 2-6-9　自动筛选

单击"学历"字段的下拉按钮，在打开的下拉列表中只选中"大学"，如图 2-6-10 所示。单击"确定"按钮后，Excel 将自动在当前的数据清单中筛选出"学历"字段的值为"大学"的所有记录，如图 2-6-11 所示。

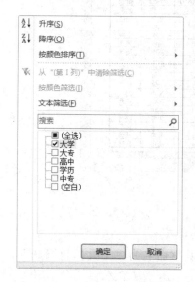

图 2-6-10　筛选下拉列表

图 2-6-11　筛选结果

从工作表左侧的行号区域可以看出，系统只是对不符合筛选条件的记录进行了隐藏。

单击"数据"选项卡→"排序和筛选"组→"清除"按钮，可以恢复所有记录的显示。

(3) 使用自动筛选命令查看一班学历为"大专以上"的人员信息。

若要获得"一班"当中"学历"为大专以上所有人员的信息，可以在单击"数据"选项卡→"排序和筛选"组→"筛选"按钮后，先单击"班次"字段右侧的下拉按钮，在展开的下拉列表中选中"一班",单击"确定"按钮;再单击"学历"字段右侧的下拉按钮,在展开的下拉列表中选中 "大学"和"大专",单击"确定"按钮。系统将自动筛选出符合条件的记录,如图 2-6-12 所示。

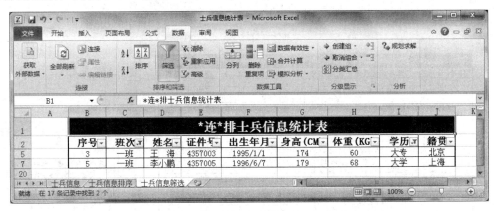

图 2-6-12 筛选结果

(4) 使用高级筛选查看符合以下两个条件中任意一个的所有人员信息。

条件 1:编制在一班,1995 年 1 月 1 日以后出生,学历为"大学";

条件 2:编制在三班,身高在"175 cm"以上。

以上复杂条件的筛选,使用自动筛选已无法完成,这时需要使用高级筛选。

使用高级筛选的一般步骤如下:

① 选定一个空白单元格区域。

② 在该单元格区域中设置筛选条件。该条件区域至少包含两行,第一行为字段名行,以下各行为相应的条件值。

③ 单击数据表中的任意一个单元格。

④ 单击"数据"选项卡→"排序和筛选"组→"高级"按钮。

要得到正确的高级筛选结果,最重要的是建立正确的条件区域,在条件区域中设置条件。建立条件区域要遵循下面的规则:

① 条件区域必须要有与表格中的源数据相同的列标题。条件区域中可以只包含那些需要对其设置条件的列标题。

② 在列标题下方的行中输入条件,条件中可以使用比较运算符。如果缺省,表示"等于"。

③ 在条件区域中,同一行的条件之间是"与"的关系,不同行的条件之间是"或"的关系。

下面使用高级筛选说明建立以上筛选条件的详细过程。

① 取消"数据"选项卡→"排序和筛选"组→"筛选"按钮的选定,从而取消"自动筛选"前面的选中标志,并显示全部记录。

② 在工作表下方创建如图 2-6-13 所示的条件区域,并编辑条件。

注意:条件 1 中的"一班"、出生年月和学历要求为"与"的关系,应编辑在一行上,条件 2 中的"三班"和身高要求也为"与"的关系,编辑在一行上;条件 1 和条件 2 为

"或"的关系，应编辑在不同行上。

图 2-6-13　编辑高级筛选的条件区域　　　　图 2-6-14　"高级筛选"对话框

③ 单击"数据"选项卡→"排序和筛选"组→"高级"按钮，弹出"高级筛选"对话框，如图 2-6-14 所示。

④ 在"高级筛选"对话框的"方式"区域，选择"在原有区域显示筛选结果"；单击"列表区域"文本框右端的选定按钮，选定数据清单的全部区域，即"B2:J19"；单击"条件区域"文本框右端的选定按钮，选定全部条件区域，即"B21:J23"。

⑤ 单击"确定"按钮，执行筛选，如图 2-6-15 所示，筛选结果将显示在原来数据清单的位置。

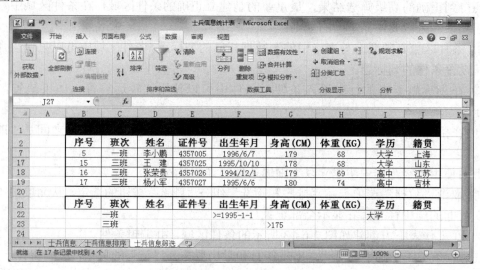

图 2-6-15　高级筛选结果

　　高级筛选的结果可以显示在原有区域，也可以显示在其他区域。若想保留原有区域，应在"高级筛选"对话框中，选中"将筛选结果复制到其他位置"后，在"复制到"编辑框中指定结果显示位置(只要指定结果所在区域的第一个单元格即可)。但要注意：如果结果区域与原区域不在同一张工作表中，那么需要把条件区域与结果区域放置在同一张工作表中。

　　取消高级筛选，显示原有的所有记录的方法是：单击"数据"选项卡→"排序和筛选"组→"清除"按钮。

四、打印工作表

1．页面设置

　　在打印工作表之前，一般要对工作表的打印方向、纸张大小、页边距及页眉和页脚等参数进行设置，使工作表有一个合乎规范的整体外观。页面设置的具体方法是：

　　一是直接用"页面布局"选项卡的"页面设置"组上的按钮设置；二是单击"页面设置"组右下角的 按钮，弹出"页面设置"对话框，如图 2-6-16 所示。对话框共有四个选项卡，其中"页面"、"页边距"和"页眉/页脚"的设置与 Word 中的页面设置类似。

　　在如图 2-6-17 所示的"工作表"选项卡中，可以设置具体的打印区域、打印标题和打印顺序等内容。

图 2-6-16　"页面设置"对话框之"页面"选项卡　　图 2-6-17　"页面设置"对话框之"工作表"选项卡

2．设置打印区域

　　若只想打印现有工作表中的部分信息，可以通过设置打印区域的方式进行打印。具体方法如下：

　　(1) 选定工作表中需要打印的单元格区域。

　　(2) 选择"页面布局"选项卡→"页面设置"组→"打印区域"按钮→"设置打印区域"命令。

若要取消已经设置的打印区域,可以选择"页面布局"选项卡→"页面设置"组→"打印区域"按钮→"取消打印区域"命令,实现打印区域的取消。

3.打印预览

页面设置完成后,就可以进行打印预览操作。单击"文件"菜单,选择"打印"选项,在窗口的右侧可以看到预览效果,如图 2-6-18 所示。

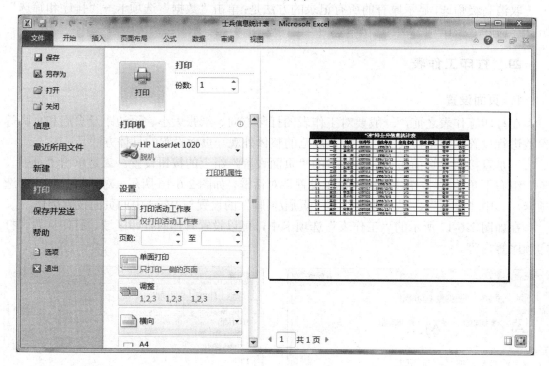

图 2-6-18   打印预览效果

4.打印

进行打印预览后,如果对工作表的设置感到满意,就可以打印输出了。

在图 2-6-18 中,在对话框的"打印机"选区的"名称"下拉列表中选择要使用的打印机名称,在"设置"选区中选择需要打印的具体内容以及打印范围。最后,单击窗口上方的"打印"按钮,即可进行打印。

五、保存并退出

将工作簿保存到"E:\任务六\士兵信息统计表.xlsx"后,退出 Excel。

【课堂练习】

新建一个工作簿文件,将"士兵信息统计表"工作簿中的"士兵信息"工作表复制到新工作簿中,并完成以下内容:

(1) 使用姓氏的字母和笔画分别对全排人员信息进行排序,结果如图 2-6-19 和图 2-6-20 所示。

图 2-6-19 按姓氏字母顺序排序

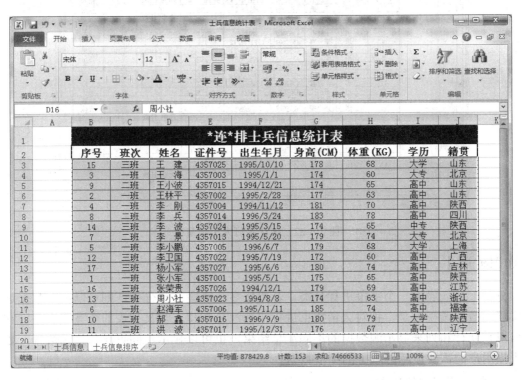

图 2-6-20 按姓氏笔画顺序排序

(2) 筛选出 1995 年以后出生的人员信息，结果如图 2-6-21 所示。

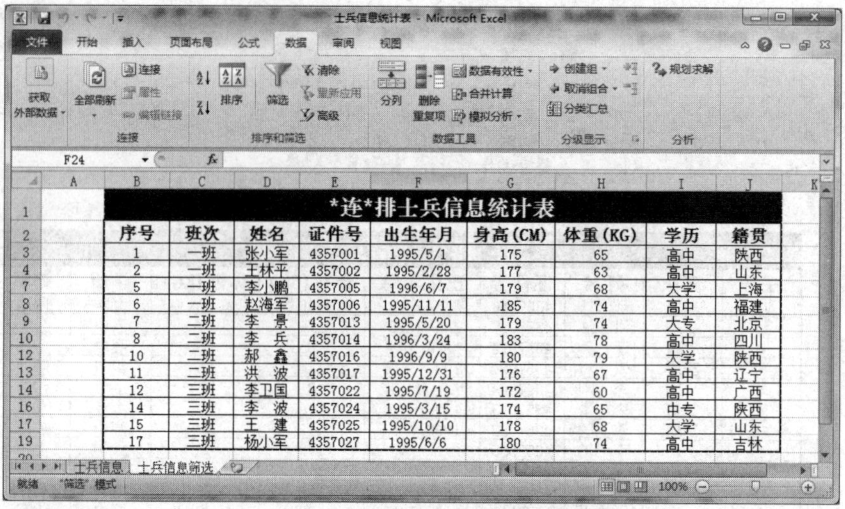

图 2-6-21　1995 年以后出生的人员信息

(3) 统计各班人员的数量，结果如图 2-6-22 所示。

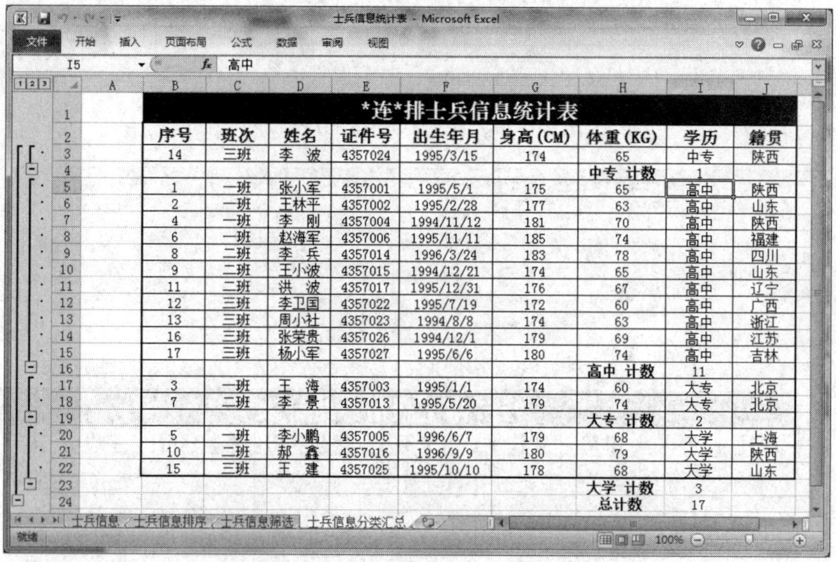

图 2-6-22　统计各班人员数量

【知识扩展】

分类汇总一般按一个字段进行分类，若要按多个字段进行分类，则可以利用数据透视表实现。数据透视表是一种对大量数据进行快速汇总和建立交叉列表的交互式表格，它不仅可以转换行和列来显示源数据的不同汇总结果，也可以显示不同页面来筛选数据，还可以根据用户的需要显示区域中的细节数据。

1．数据透视表的建立

以"士兵信息统计表"工作簿中"士兵信息"工作表为例，建立显示人员学历统计信息的数据透视表，具体操作步骤如下：

(1) 选定"士兵信息"工作表数据清单中的任意一个单元格，切换到"插入"选项卡，选择"表格"组→"数据透视表"按钮→"数据透视表"命令，弹出"创建数据透视表"对话框，如图 2-6-23 所示。

图 2-6-23 "创建数据透视表"对话框

(2) 在对话框的"请选择要分析的数据"区域，选中"选择一个表或区域"，在"表/区域"文本框中输入数据源区域"士兵信息!$B$2:$J$19"；也可以单击文本框右端的选定按钮，然后在工作表中选择数据源区。在对话框的"选择放置数据透视表的位置"区域，选中"新工作表"，单击"确定"按钮，结果如图 2-6-24 所示。

图 2-6-24 新建"Sheet3"工作表

此时"士兵信息统计表"工作簿生成一个新的工作表"Sheet3",在"Sheet3"的右侧是字段列表。

(3) 根据我们需要统计的内容在字段列表处进行选择。选中"班次"字段,将其拖入"行标签"处;选中"学历"字段,将其分别拖入"列标签"和"Σ数值"处。最后将 B3 单元格中的"列标签"改为"学历",将 A4 单元格中的"行标签"改为"班次"。数据透视表就完成了,如图 2-6-25 所示。

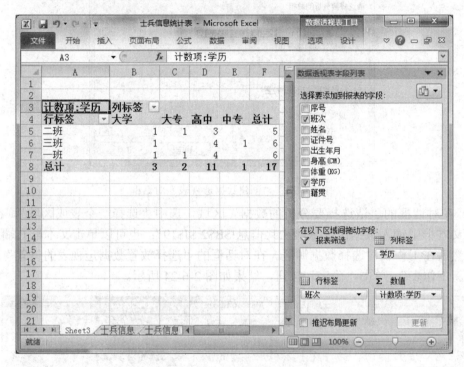

图 2-6-25 数据透视表

2. 编辑数据透视表

数据透视表建好后,可通过单击字段名按钮或顶端的箭头,在弹出的下拉列表中选择分类项,从而得到不同的报表。

数据透视表被分成了四个区域,各个区域的含义如下:

报表筛选:将选定的字段作为数据透视表中分页显示的项目。

列标签:将选定的字段作为数据透视表中的列标题。

行标签:将选定的字段作为数据透视表中的行标题。

Σ数值:将选定的字段作为数据透视表中的汇总项目。

对数据透视表的编辑一般有以下几种:

(1) 更改数据透视表的布局。单击选择数据透视表,切换到"设计"选项卡,单击"布局"组中的"报表布局"按钮,在打开的菜单中选择需要的布局显示形式。

(2) 添加数据项。可在"Sheet3"右侧的"数据透视表字段列表"中添加数据项。

(3) 删除数据项。在"Sheet3"右侧的"数据透视表字段列表"中,在对应的区域选中字段右边的黑色三角,在下拉菜单中选择"删除字段"命令,即可删除本数据项。

(4) 更改计算函数。在"Sheet3"右侧的"数据透视表字段列表"中，单击"Σ数值"区域字段右边的黑色三角，在下拉菜单中选择"值字段设置"命令，在弹出的对话框中可以设置对数据项求和、求平均值或计数等操作。

(5) 删除数据透视表。选中整张表后，使用"选项"选项卡→"操作"组→"清除"按钮→"全部清除"命令。

任务七 制作学员体能考核统计表

【学习目标】

综合利用前面所学基本理论知识，通过实际案例，提高大家解决现实问题的能力。

【任务说明】

本任务通过学员体能考核统计表的制作，将前面所学的知识应用到实际工作中，使学习者能进一步掌握 Excel 的操作。本任务的效果如图 2-7-1 所示。

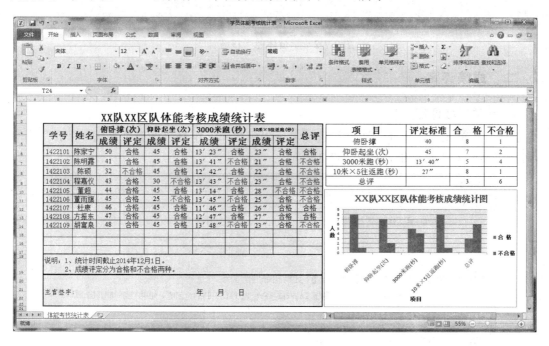

图 2-7-1　任务七样例

【任务实施】

一、打开工作簿文件

启动 Excel 2010，打开已有的"学员体能考核统计表"工作簿，如图 2-7-2 所示。

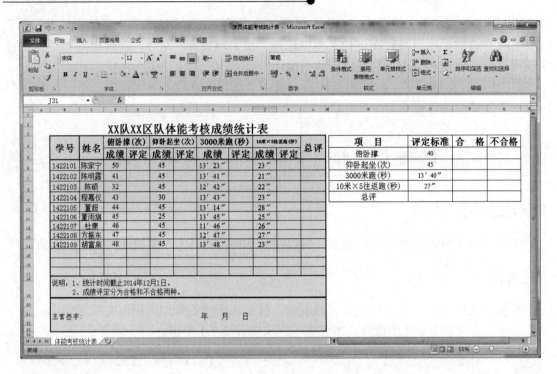

图 2-7-2　学员体能考核统计表

二、成绩评定

1. 单项成绩评定

选定 E6 单元格，选择"数据"选项卡→"函数库"组→"逻辑"按钮→"IF"命令，打开"函数参数"对话框，如图 2-7-3 所示。

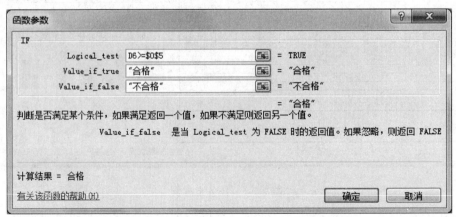

图 2-7-3　"函数参数"对话框之评定单项成绩

IF 函数的功能是判断是否满足某个条件，如果满足则返回一个值，如果不满足则返回另一个值，它有三个参数：

(1) Logical_test：判断表达式或值，计算结果为 TURE 或 FALSE。这里需要判断第一名学员的"俯卧撑"成绩是否合格，因此将成绩与右表中的俯卧撑标准相比较，大于等于标准成绩的为"合格"，所以在文本框里输入"D6>=$O$5"。(注意：这里要用绝对引用。)

(2) Value_if_true：当 Logical_test 为 TRUE 时的返回值；文本框输入"合格"。

(3) Value_if_false：当 Logical_test 为 FALSE 时的返回值；文本框里输入"不合格"。

单击"确定"按钮，评定出第一名学员的俯卧撑成绩。

选定 E6 单元格，并将鼠标移动到该单元格右下角的填充柄处，当鼠标指针变为实心的十字形状时，按下鼠标左键，拖动到 E14 单元格上方后，松开鼠标左键，即可完成公式的填充，此时表中每位学员的俯卧撑成绩都已经通过函数评定出来。

在 G6 单元格中输入"=IF(F6>=$O$6，"合格"，"不合格")"，回车；在 I6 单元格中输入"=IF(H6<=$O$7，"合格"，"不合格")"，在 K6 单元格中输入"=IF(J6<=$O$8，"合格"，"不合格")"，可以分别评定出第一名学员的仰卧起坐、3000 米跑和 10 米×5 往返跑的成绩。然后用复制公式的方法，将所有学员的单项成绩评定出来，如图 2-7-4 所示。

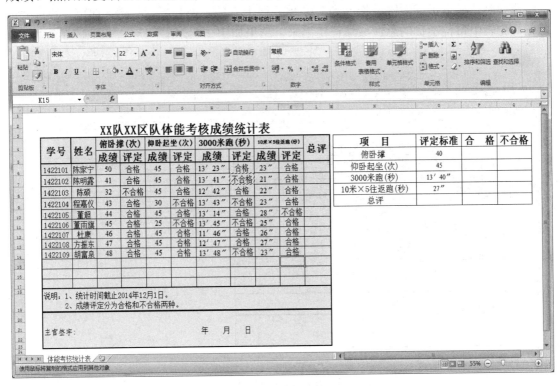

图 2-7-4　评定完单项成绩

2. 总评成绩评定

总评成绩的评定方法：学员的四项考核成绩均为合格，总评为合格，否则为不合格。

选定 L6 单元格，选择"数据"选项卡→"函数库"组→"逻辑"按钮→"IF"命令，打开"函数参数"对话框，在 Logical_test 框中输入"AND(E6="合格"，G6="合格"，I6="合格"，K6="合格")"；Value_if_true 框中输入"合格"；Value_if_false 框中输入"不合格"，如图 2-7-5 所示。单击"确定"按钮，即可评定出第一名学员的总评成绩。

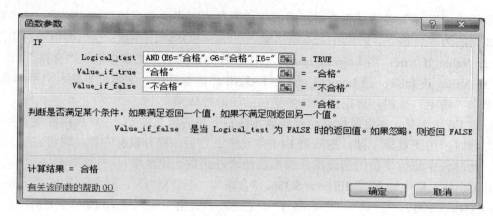

图 2-7-5 "函数参数"对话框之评定总评成绩

选定 L6 单元格，并将鼠标移动到该单元格右下角的填充柄处，当鼠标指针变为实心的十字形状时，按下鼠标左键，拖动到 L14 单元格上方后，松开鼠标左键，即可完成公式的填充，将表中每位学员的总评成绩评定出来。结果如图 2-7-6 所示。

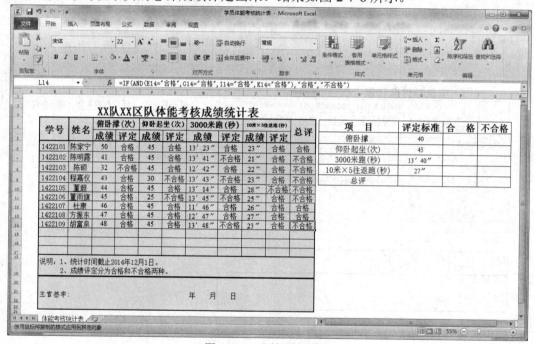

图 2-7-6 成绩评定结果

三、突出显示

将统计表中测试成绩结果为"不合格"的突出显示，在这里使用"条件格式"来完成。

选定工作表的数据区"D6:L14"，选择"开始"选项卡→"样式"组→"条件格式"按钮→"突出显示单元格规则"→"等于"命令，打开"等于"规则设置对话框，如图 2-7-7 所示。在"为等于以下值的单元格设置格式："下的文本框中输入"不合格"；在"设置为"列表中选择"红色文本"，结果如图 2-7-8 所示。

图 2-7-7　"等于"规则设置对话框

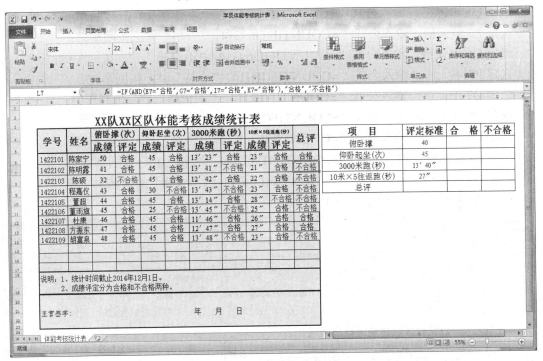

图 2-7-8　突出显示结果

四、人数统计

选定 P5 单元格，计算俯卧撑项目合格的人数。选择"公式"选项卡→"函数库"组→"插入函数"命令，打开"插入函数"对话框，在对话框的"或选择类别"列表中选择"统计"，在"选择函数"区域内选择"COUNTIF"函数，单击"确定"按钮，打开 COUNTIF 函数参数对话框，如图 2-7-9 所示。

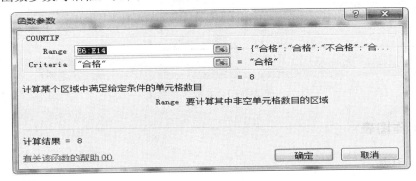

图 2-7-9　COUNTIF 函数参数对话框

COUNTIF 函数的功能是计算某个区域中满足给定条件的单元格数目，有两个参数：

(1) Range：要计算其中非空单元格数目的区域，这里选定"E6:E14"单元格。

(2) Criteria：以数字、表达式或文本形式定义的条件，这里输入"合格"。

单击"确定"按钮，计算出俯卧撑项目合格的人数。

用 COUNTIF 函数计算其他人数：

选定 Q5 单元格，输入公式"=COUNTIF(E6:E14，"不合格")"，按回车键；

选定 P6 单元格，输入公式"=COUNTIF(G6:G14，"合格")"，按回车键；

选定 Q6 单元格，输入公式"=COUNTIF(G6:G14，"不合格")"，按回车键；

选定 P7 单元格，输入公式"=COUNTIF(I6:I14，"合格")"，按回车键；

选定 Q7 单元格，输入公式"=COUNTIF(I6:I14，"不合格")"，按回车键；

选定 P8 单元格，输入公式"=COUNTIF(K6:K14，"合格")"，按回车键；

选定 Q8 单元格，输入公式"=COUNTIF(K6:K14，"合格")"，按回车键；

选定 P9 单元格，输入公式"=COUNTIF(L6:L14，"合格")"，按回车键；

选定 Q9 单元格，输入公式"=COUNTIF(L6:L14，"不合格")"，按回车键。

人数统计完毕，结果如图 2-7-10 所示。

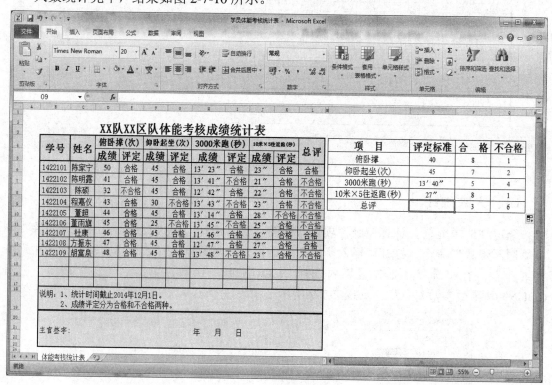

图 2-7-10　人数统计结果

五、制作图表

1. 插入图表

选定图 2-7-10 右表中的"项目"、"合格"、"不合格"列，选择"插入"选项卡

→"图表"组→"柱形图"按钮→"簇状柱形图"，自动生成柱形图，调整图表大小和位置到"N10:Q23"。插入图表结果如图 2-7-11 所示。

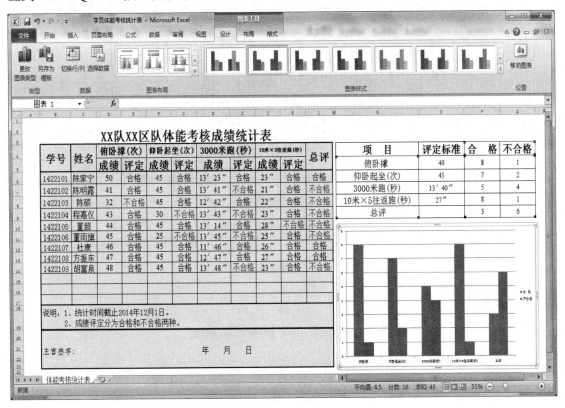

图 2-7-11　插入图表

2. 图表外观设置

(1) 图表标题：选定图表，选择"布局"选项卡→"标签"组→"图表标题"按钮→"图表上方"命令，在出现的"图表标题"文本框中，输入"XX 队 XX 区队体能考核成绩统计图"，设置字体为"华文中宋"，字号为"28"磅，颜色为"红色"。

(2) 坐标轴标题：选择"布局"选项卡→"标签"组→"坐标轴标题"按钮→"主要横坐标轴标题"→"坐标轴下方标题"命令，在"坐标轴标题"文本框中输入"项目"，字号为"18"磅；选择"布局"选项卡→"标签"组→"坐标轴标题"按钮→"主要纵坐标轴标题"→"竖排标题"命令，在"坐标轴标题"文本框中输入"人数"，字号为"18"磅。

(3) 坐标轴：将坐标轴的字号设为"14"磅。

(4) 图例：位置不变，字号设为"18"磅。

(5) 设置绘图区：选中图表，选择"格式"选项卡→"当前所选内容"组→"图表元素"列表中选择"绘图区"，单击"设置所选内容格式"按钮，打开"设置绘图区格式"对话框，设置绘图区的区域背景颜色为"浅绿色"，最终效果如图 2-7-12 所示。

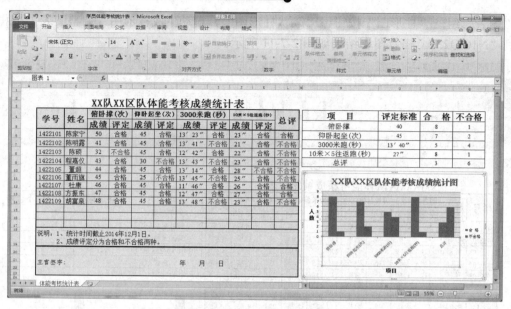

图 2-7-12　图表外观设置

六、保存

将工作簿保存到"E：\任务七\学员体能考核统计表.xlsx"。

任务八　制作值班人员安排表

【学习目标】

(1) 理解高级分析工具的工作过程。

(2) 掌握运用高级分析工具实现数据分析预测的方法。

【相关知识】

(1) 规划求解：是 Excel 一个非常有用的分析预测工具，不仅可以解决运筹学、线性规划等问题，还可以用来求解线性方程组及非线性方程组。

(2) 数学函数 SUMSQ(number1,number2,…)：用于返回所有参数的平方和。参数可以是数值、数组、名称，或者是对数值单元格的引用。

【任务说明】

每逢假期，对于管理人员来说，值班表的安排是一件最为头疼的事情。每个人都有各种各样的事情或者原因，如何合理地安排值班表，尽可能做到人人满意？本任务以国庆假期值班表安排为例，根据每名值班人员的值班要求，科学合理地制作值班人员安排表。

现有张凯、王斌、陈幼兰、杨珊蝶、陈一山、周锡和孔铭 7 名同志参加国庆期间单位值班(说明：假期共 7 天)。每名值班人员都有自己的值班要求：张凯因有事只有 3 号可以值班；王斌因个人原因，要比陈幼兰晚值两天班；陈幼兰因业务原因，不得不比张凯早一天值班；陈一山和孔铭由于工作需要，要在王斌的前后几天值班。

任务的核心是运用高级分析工具实现数据分析预测，制作国庆假期人员值班表。本任务的最终效果如图 2-8-1 所示。

姓名	值班系数	值班日期
张凯	3	10月3日
王斌	4	10月4日
陈幼兰	2	10月2日
杨珊蝶	7	10月7日
陈一山	6	10月6日
周锡	1	10月1日
孔铭	5	10月5日

图 2-8-1 "国庆假期人员值班表"样例

【任务实施】

一、设置求解规划模型

(1) 启动 Excel 2010，在 Sheet1 工作表中输入如图 2-8-2 所示的基本内容，并设置如图 2-8-3 所示格式，保存为"国庆假期人员值班表.xlsx"。

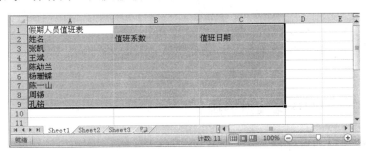

图 2-8-2 值班表结构

图 2-8-3 格式化后的值班表结构

(2) 选中 E3 和 E4 单元格，分别输入"变量"和"目标值"，并设置"E3:E4"单元格区域的对齐方式、边框和底纹，如图 2-8-4 所示。

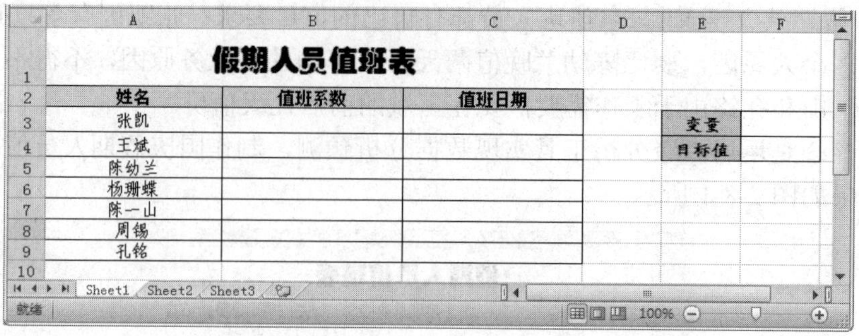

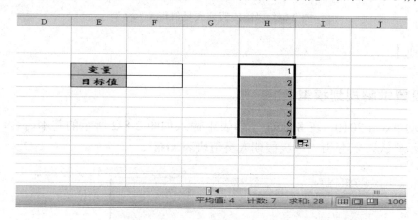

图 2-8-4　建立"变量"和"目标值"结构

（3）在 H3 和 H4 单元格中分别输入"1"和"2"数值，并选中"H3:H4"单元格区域，将光标移至 H4 单元格右下角，当其变为十字形状时向下填充，如图 2-8-5 所示。

图 2-8-5　数据填充

二、利用规划求解计算值班安排

1. 确定求解规模的目标值

每名值班人员都有自己的值班要求：张凯因有事只有 3 号可以值班；王斌因个人原因，要比陈幼兰晚值两天班；陈幼兰因业务原因，不得不比张凯早一天值班；陈一山和孔铭由于工作需要，要在王斌的前后几天值班。

（1）每名值班人员的值班要求不同，可以根据假设条件在对应单元格中输入对应公式和数值。

根据值班人员张凯的假设条件，在 B3 单元格中输入数值"3"。

根据值班人员王斌的假设条件，在 B4 单元格中输入数值"=B5+2"。

根据值班人员陈幼兰的假设条件，在 B5 单元格中输入数值"=B3-1"。

根据值班人员杨珊蝶的假设条件，在 B6 单元格中不输入任何内容。

根据值班人员陈一山的假设条件，在 B7 单元格中输入数值"=B9+1"。

根据值班人员陈锡的假设条件，在 B8 单元格中输入数值"=B3-F3"。

根据值班人员孔铭的假设条件，在 B9 单元格中输入数值"=B3+F3"，如图 2-8-6 所示。

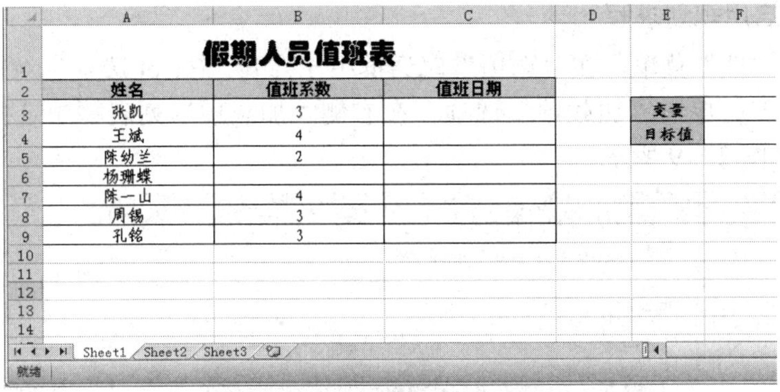

图 2-8-6　设定值班系数

(2) 在 H10 单元格中输入公式 "=SUMSQ(H3:H9)"，按回车键，即可求出 "H3:H9" 单元格区域中一组数的平方和，如图 2-8-7 所示。

图 2-8-7　求平方和

(3) 在 F4 单元格中输入公式 "=SUMSQ(B3:B9)"，按回车键，即可求出 "B3:B9" 单元格区域中一组数的平方和，如图 2-8-8 所示。

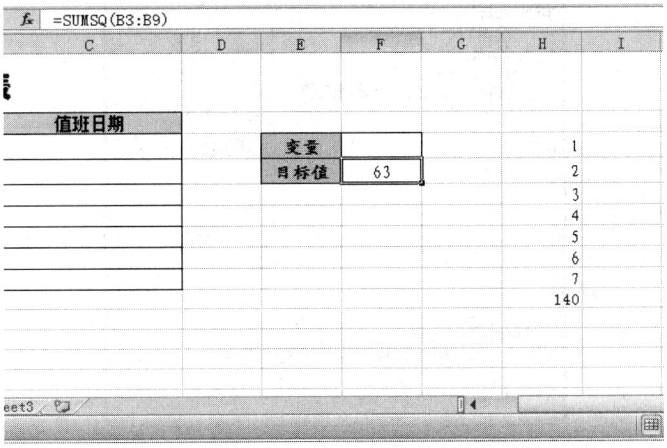

图 2-8-8　计算目标值

2．加载并启用规划求解

(1) 单击"文件"菜单，在"选项"对话框中，打开"Excel 选项"对话框。

(2) 在左侧窗格单击"加载项"选项，在右侧"加载项"列表框中选择"规划求解加载项"选项，如图 2-8-9 所示。

图 2-8-9　加载项设置

(3) 单击"转到"按钮，打开"加载宏"对话框，在"可用加载宏"列表框中选"规划求解加载项"复选框，如图 2-8-10 所示。

图 2-8-10　"加载宏"对话框

（4）单击"确定"按钮，即可在"数据"菜单的"分析"选项组中添加"规划求解"选项，如图 2-8-11 所示。

图 2-8-11　添加"规划求解"选项的结果

三、设置约束条件并求解

（1）单击"规划求解"选项，打开"规划求解参数"对话框，设置"设置目标"为"$F$4"，接着在"到"栏中选中"目标值"单选按钮，并将值设置为 H10 单元格的值，即"140"，接着设置"通过更改可变单元格"为"$F$3, $B$6"，如图 2-8-12 所示。

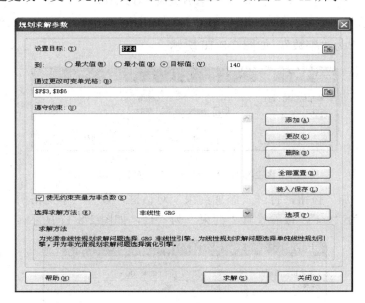

图 2-8-12　"规划求解参数"设置

（2）单击"添加"按钮，打开"添加约束"对话框，设置"单元格引用"为"$B$6"，选择"运算符"为"int"，接着设置"约束"为"整数"，如图 2-8-13 所示。

图 2-8-13　"添加约束"对话框(1)

（3）单击"添加"按钮，打开"添加约束"对话框，设置"单元格引用"为"$B$6"，选择"运算符"为">=",接着设置"约束"为"1",如图 2-8-14 所示。

图 2-8-14   "添加约束"对话框(2)

(4) 单击"添加"按钮,继续设置"单元格引用"为"$B$6",选择"运算符"为"<=",接着设置"约束"为"7",如图 2-8-15 所示。

图 2-8-15   "添加约束"对话框(3)

(5) 单击"添加"按钮,继续设置"单元格引用"为"$F$3",选择"运算符"为"int",接着设置"约束"为"整数",如图 2-8-16 所示。

图 2-8-16   "添加约束"对话框(4)

(6) 单击"添加"按钮,打开"添加约束"对话框,设置"单元格引用"为"$F$3",选择"运算符"为">=",接着设置"约束"为"1",如图 2-8-17 所示。

图 2-8-17   "添加约束"对话框(5)

(7) 单击"添加"按钮,继续设置"单元格引用"为"$F$3",选择"运算符"为"<=",接着设置"约束"为"7",如图 2-8-18 所示。

图 2-8-18   "添加约束"对话框(6)

(8) 设置完成后，单击"确定"按钮，返回到"规划求解参数"对话框，在"遵守约束"列表框中可以看到添加的约束条件，如图 2-8-19 所示。

图 2-8-19　添加的约束条件

(9) 单击"求解"按钮，打开"规划求解结果"对话框，保持默认选项，单击"确定"按钮，如图 2-8-20 所示。

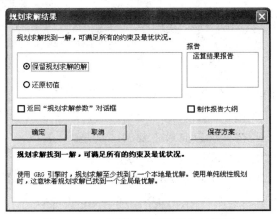

图 2-8-20　"规划求解结果"对话框

(10) 返回工作表中，即可求出国庆假期 7 位值班人员的具体值班系数，如图 2-8-21 所示。

图 2-8-21　求解值班系数

四、设置公式得到员工值班日期

(1) 选中 C3 单元格，在公式编辑栏中输入公式：“= " 10 月 " &B3& " 日 " ”，按回车键，即可得到第一位员工的值班日期，如图 2-8-22 所示。

(2) 将光标移动到 C3 单元格右下角，当其变为十字形状时拖动鼠标向下填充到 C9 单元格，即可得到 7 位值班人员的值班日期，如图 2-8-23 所示。

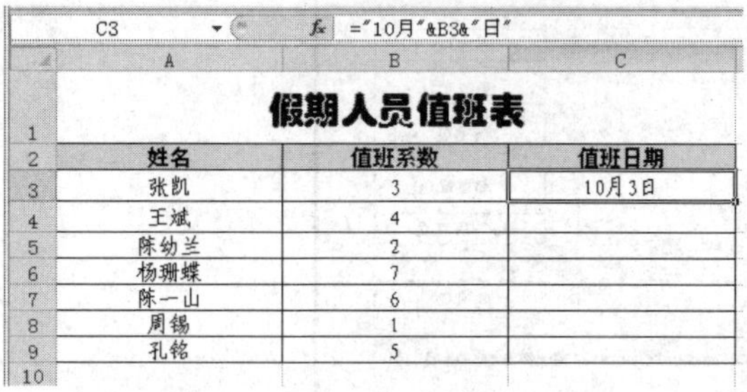

假期人员值班表		
姓名	值班系数	值班日期
张凯	3	10月3日
王斌	4	
陈幼兰	2	
杨珊蝶	7	
陈一山	6	
周锡	1	
孔铭	5	

图 2-8-22　输入值班日期

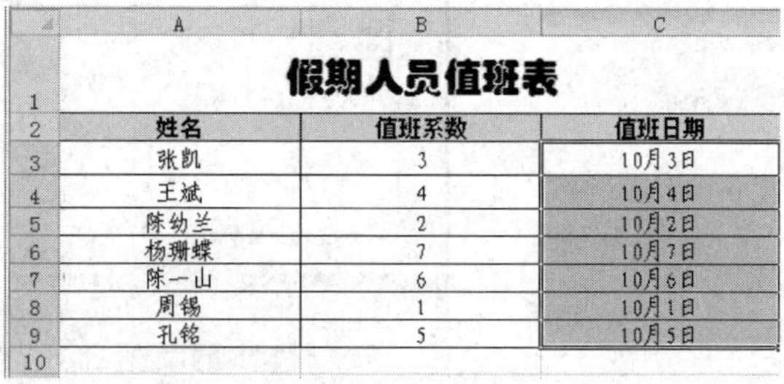

假期人员值班表		
姓名	值班系数	值班日期
张凯	3	10月3日
王斌	4	10月4日
陈幼兰	2	10月2日
杨珊蝶	7	10月7日
陈一山	6	10月6日
周锡	1	10月1日
孔铭	5	10月5日

图 2-8-23　确定值班日期

五、保存

将工作簿保存到“E:\任务八\值班人员安排表.xlsx”。

习　　题

一、选择题

1．Excel 2010 工作簿的扩展名是(　　)。

A．XLSX　　B．EXL　　C．EXE　　D．SXLX

2．Excel 与 Word 在表格处理方面最主要的区别是(　　)。

A．在 Excel 中能做出比 Word 更复杂的表格

B．在 Excel 中可对表格的数据进行汇总、统计等各种运算和数据处理，而 Word 不行

C．Excel 能将表格中的数据转换为图形，而 Word 不能转换

D．上述说法都不对

3．Excel 广泛应用于(　　)。

A．统计分析、财务管理分析、股票分析和经济、行政管理等各个方面

B．工业设计、机械制造、建筑工程

C．美术设计、装潢、图片制作等各个方面的多媒体制作

4．工作簿是指(　　)。

A．在 Excel 环境中用来存储和处理工作数据的文件

B．以一个工作表的形式存储和处理数据的文件

C．图表数据库

5．Excel 中，活动单元格是指(　　)的单元格。

A．正在处理   B．能被删除   C．能被移动   D．能进行公式计算

6．Excel 中，当操作数发生变化时，公式的运算结果(　　)。

A．会发生改变   B．不会发生改变

C．与操作数没有关系   D．会显示出错信息

7．Excel 中，公式中运算符的作用是(　　)。

A．用于指定对操作数或单元格引用数据执行何种运算

B．对数据进行分类

C．比较数据

D．连接数据

8．Excel 关于筛选掉的记录的叙述，下面(　　)是错误的。

A．不打印   B．不显示

C．永远丢失了   D．在预览时不显示

9．下列关于 Excel 单元格的描述中不正确的是(　　)。

A．Excel 中可以合并单元格但不能拆分单元格

B．双击要编辑的单元格，插入点将出现在该单元格中

C．可直接单击选取不连续的多个单元格

D．一个单元格中的文字格式可以不同

10．在 Excel 中，若单元格的数字显示为一串"#"符号，应采取的措施是(　　)。

A．改变列的宽度，重新输入

B．列的宽度调整到足够大，使相应数字显示出来

C．删除数字，重新输入

D．扩充行高，使相应数字显示出来

11．在 Excel 2010 中，工作表最多允许有(　　)行。

A．1 048 576   B．256   C．245   D．128

12．要新建一个 Excel 2010 工作簿，下面错误的是(　　)。

A．单击"文件"菜单中的"新建"命令

B．单击"常用"工具栏中的"新建"按钮

C．按快捷键"Ctrl + N"

D．按快捷键"Ctrl + W"

13．Excel 2010 中，范围地址是以(　　)分隔的。

A．逗号   B．冒号   C．分号   D．等号

14．在 Excel 2010 中要录入身份证号，数字分类应选择(　　)格式。

A．常规   B．数字(值)   C．科学计数   D．文本

15．在 Excel 2010 中要想设置行高、列宽，应选用功能区(　　)中的"格式"命令。

A．开始   B．插入   C．页面布局   D．视图

二、判断题

1．Excel 提供了"自动保存功能"，所以人们在进行退出 Excel 应用程序的操作时，工作簿会自动被保存。(　　)

2．在默认情况下，一个新的工作簿中含有三个工作表，它们的名称分别是"Sheet1"、"Sheet2"、"Sheet3"。（　　）

3．复制或移动操作，会将目标位置单元格区域中的内容向左或者向上移动，然后将新的内容插入到目标位置的单元格区域。（　　）

4．已在某工作表的 A1、B1 单元格分别输入了"星期一"、"星期三"，并且已将这两个单元格选定了，现将 B1 单元格右下角的填充柄向右拖动，在 C1、D1、E1 单元格显示的数据将是"星期四"、"星期五"、"星期六"。（　　）

5．编辑图表时，删除某一数据系列，工作表中数据也同时被删除。（　　）

三、操作题

建立一个文件名为"图书清单"的工作簿，在工作表"Sheet1"中创建一个如下所示的工作表。要求：

1．计算"销售总额"列的数值；

2．将"Sheet1"中的数据表复制到"Sheet2"和"Sheet3"，使"Sheet1"、"Sheet2"、"Sheet3"的内容相同；

3．对"Sheet1"中的数据表按"销售总额"进行排序，先升序，后降序；

4．对"Sheet2"中的数据表按"出版社"进行升序排序，然后按"出版社"进行"销售总额"的"求和"汇总；

5．对"Sheet3"中的数据表进行"自动筛选"，并将"高教"出版社中销售数量大于等于 25 本的记录显示出来。

图书清单工作表

出版社	图书系列	销售数量	销售单价	销售总额
人民	操作系统	28	¥36	
科学	计算机文化基础	50	¥25	
高教	VB	26	¥31	
清华	VC	18	¥46	
人民	计算机文化基础	19	¥26	
高教	操作系统	20	¥38	
科学	VB	18	¥36	
人民	VB	16	¥35	
高教	VC	19	¥45	
清华	计算机文化基础	30	¥28	

模块三 多媒体课件制作技术

随着多媒体技术的发展，多媒体演示文稿的应用越来越普遍，如汇报工作、交流经验、会议演讲、学术报告、制作课件、广告宣传、产品演示等，使用这种图文、动画、声像相结合的方式能够更好地表达自己的思想，对我们的工作有很大的帮助。

PowerPoint 2010 是微软公司推出的一个演示文稿制作和展示的软件，它是当今世界上最优秀、最流行，也是最简便直接的幻灯片制作和演示的软件之一。通过它，可以制作出图文并茂、色彩丰富、生动形象并且具有极强的表现力和感染力的宣传文稿、演讲文稿、幻灯片和投影胶片等，并且可以通过投影机直接投影到银幕上以产生动态影片的效果，能够更好地辅助演讲者的讲解。

任务一 初识多媒体课件及 PowerPoint 2010

【学习目标】

(1) 识记多媒体课件的概念、种类。

(2) 了解多媒体课件制作的常用软件，领会多媒体课件制作的一般流程。

(3) 熟悉 PowerPoint 2010 的工作界面。

(4) 理解 PowerPoint 2010 默认的视图模式。

(5) 掌握 PowerPoint 2010 启动、退出以及新建、保存、打开、关闭演示文稿的方法。

(6) 掌握幻灯片的添加、选择、复制、删除以及顺序调整的方法。

【相关知识】

多媒体：融合两种或两种以上媒体的一种人机交互式信息交流传播媒体。人们将融合文本、音频、视频、图形、图像、动画等的综合体统称为"多媒体"。多媒体技术能够利用计算机软件把文字、声音、视频、图形、图像等多种媒体信息进行综合处理，并为多种信息之间建立逻辑连接，将其集成为一个完整的系统。

课件："课件"一词译自英文"Courseware"，意思是课程软件，因此，课件也就是包括具体学科内容的教学软件。多媒体课件就是运用各种计算机多媒体技术开发出来的图、文、声、像并茂的教学软件。

【任务说明】

在正式制作演示文稿之前，需要先了解多媒体课件的基本知识，熟悉 PowerPoint 2010 的基本界面，掌握其基本操作方法，为演示文稿的制作打好基础。

【任务实施】

一、多媒体课件的概念

一般而言，把文字(Text)、图形(Graphic)、图像(Image)、视频(Video)、动画(Animation)和声音(Sound)等媒体信息结合在一起，通过计算机进行综合处理与控制，并实现有机结合，就可以形成多媒体课件。

通常情况下，多媒体课件具有以下特性：

(1) 集成性：指信息载体的集成性，这些载体包括文本、数字、图形、图像、声音、动画、视频等。

(2) 控制性：多媒体课件并不是多种载体的简单组合，而是由计算机加以控制和管理的。

(3) 交互性：指把多媒体信息载体整合在一起，通过图形菜单、图标、窗口等人机交互的界面，利用鼠标、键盘等输入设备实现人机信息沟通。

二、多媒体课件的种类

随着计算机多媒体技术的进步和发展，多媒体教学模式在不同的教学理论和教学策略引导下呈现出多极化、多元化的发展趋势。多媒体课件五花八门，迄今尚难以找到一个统一的划分标准。但是，为了便于读者更容易地掌握课件的制作技术，我们有必要了解一下课件的分类情况。

1. 根据课件的知识结构划分

(1) 固定型课件：将各种与教学活动有关的信息划分为许多能在屏幕上展示的段落，按其内容和性质可分为介绍、提示、问答、测试、反馈等。这是一种较为传统的课件类型，适合于制作规模小的课件。

(2) 生成型课件：按模型的方式随机地生成许多同类型的例子和问题。这种课件适合于简单问题的教学，特别是数学问题。

(3) 信息结构型课件：教学内容按概念被划分为单元，并按某种关系建立单元间的联系，从而形成一个多单元信息网课件。

(4) 可调节型课件：指用数据库存储各种教学信息，如教学方法、教学策略及学员信息等，根据不同的教学信息对内容进行适当调节的课件。

(5) 模型化课件：此类课件利用模型来模拟现实世界中的各种现象，常用模型有数学模型、化学模型、物理模型等。

2. 根据课件的控制主体划分

(1) 教员控制课件：课件的操纵对象是教员。

(2) 学员控制课件：课件的操纵对象是学员。

(3) 协同控制课件：教员和学员均可控制的课件。

(4) 计算机控制课件：课件完全由计算机控制，学员只能作出被动反应。

3. 根据课件的功能划分

(1) 课程式课件：主要用于课堂教学。

(2) 辅导式课件：主要用于个别教学。

(3) 训练式课件：主要用于测试学员的学习成绩。

(4) 实验式课件：主要用于演示实验，如化学、物理实验等。

(5) 管理式课件：主要用于分析学员的学习情况。

实际上，根据不同的划分标准，课件的分类是不同的。每一个课件都可能存在交叉归类，例如，一个教员控制课件，同时也可以是课程式课件。这就类似于一个人既可以是教员，又可以是青年，只是划分的标准不同而已。

三、多媒体课件制作的常用软件

多媒体课件的制作涉及素材的搜集、整理、加工，以及课件的制作、调试、发布诸多环节，因此，制作多媒体课件时涉及的软件也比较多。

1. 素材制作软件

1) 文字素材处理软件

无论计算机技术发展到何种程度，在多媒体信息载体中，文字是最重要的信息传播媒介。因此，几乎所有的应用软件都有文字处理功能。如果课件对文字的要求不高，那么多媒体课件制作软件本身就可以完成文字的录入、编辑。但如果要对文字进行艺术加工，就要借助于专业的文字处理软件了。

常用文字处理软件：写字板、Word、WPS 等。

艺术文字处理软件：Photoshop、CorelDraw、FreeHand、Word 等。

2) 图像素材处理软件

图像素材的采集方法很多，但是，如果图像素材不符合设计的需要，这就要使用图像处理软件。

图像制作软件：画笔、金山画王、CorelDraw、Painter 等。

图像处理软件：Photoshop、PhotoDraw 等。

3) 声音素材处理软件

在多媒体课件制作时经常要用到音效、配音、背景音乐等。声音的格式有很多，如 WAV、MIDI、SND、AIF 等，这些格式之间经常需要转换。因此，声音素材的采集整理需要更多的软件支持。

在多媒体课件制作中可以选择使用以下两种音频编辑软件：

Creative Wave Studio "录音大师"：它是 Creative Technology 公司 Sound Blaster AWE64 声卡附带的音频编辑软件。在 Windows 环境下它可以录制、播放、编辑 8 位和 16 位的波形音乐。

CakeWalk：它是 Twelve Tone System 公司开发的音乐编辑软件，利用它可以创作出具有专业水平的"计算机音乐"。

4) 动画素材处理软件

多媒体课件中使用的动画主要有两种：二维动画和三维动画。常见的动画制作软件有：

二维动画软件：Animator Pro、Flash、Swish 等。

三维动画软件：3D Studio MAX、Cool 3D 等。

5) 视频素材处理软件

视频以其生动、活泼、直观的特点，在多媒体系统中得以广泛的应用，并扮演着极其重要的角色。多媒体课件要用到大量的视频文件，常用的视频素材是 AVI、MOV 和 MPG 格式的视频文件。常用的视频处理软件主要有：

QuickTime：QuickTime 是著名的 Apple 公司的一款视频编辑、播放、浏览软件，拥有当今使用最广泛的跨平台多媒体技术，已经成为世界上第一个基于工业标准的 Internet 流 (Stream)产品。使用 QuickTime 可以处理视频、动画、声音、文本、平面图形、三维图形、交互图像等内容。

Adobe Premiere：Adobe 公司推出的一个功能十分强大的处理影视作品的视频和音频编辑软件。

Ulead MediaStudio Pro：友立公司推出的一款非常著名的视频编辑软件。

2. 课件制作软件

多媒体课件制作软件，也称为多媒体集成工具软件。目前，这种工具软件很多，如 Authorware、Director、Dreamweaver、Flash、方正奥斯、蒙泰瑶光等。本书从实际需要出发，主要介绍 PowerPoint 2010 的使用技术。PowerPoint 2010 是微软公司 Office 软件的组件之一，主要用于制作演示文稿、电子讲义等，是一款简单易学的多媒体软件，可以用来制作一些简单的课件。

四、多媒体课件制作的一般流程

无论是大中型的多媒体课件，还是小型的多媒体课件，其基本的制作流程是一样的。确定了课件的主题以后，可以按照如下流程进行制作：规划结构、收集素材、课件整合、测试发布。

1. 规划结构

规划结构是一个基本的设计过程，由于多媒体课件具有较强的集成性、交互性等特点，因此，制作课件时必须根据教学内容规划好整个课件的结构，这是制作课件的前提与基础。多媒体课件的结构决定了教学内容的组织与表现形式，反映了课件的基本框架与风格。

通常情况下，多媒体课件可以采用以下基本结构：线性结构、分支结构、网状结构、混合结构。不论哪种结构，都要注意一个重要的问题——导航要合理。也就是说，用户必须能够按照设计的课件结构走进去，也要能按照课件结构走出来，一定要避免产生"无路可走"的现象。

2. 收集素材

多媒体课件中主要有文本、图像、动画、声音等媒体信息，制作多媒体课件时收集素材是一项比较繁琐的工作。

收集素材是制作多媒体课件的关键。没有素材，就失去了操作对象；素材不理想，就影响了课件的质量。因此，在制作课件之前一定要精心收集素材，要把课件中需要的素材全部收集起来，并进行适当的处理，然后再制作课件。这样，不但可以提高工作效率，同时也为制作出高质量的课件奠定了基础。

3．课件整合

课件整合就是根据课件的制作要求，把各种相关的素材按照一定的规律、组织形式整合到一起。这个过程主要运用多媒体制作软件来完成，如 PowerPoint、Authorware 等。课件的整合过程就是课件的生成过程，因此，要注重课件的科学性与艺术性的紧密结合。所谓科学性，就是要时刻把握住课件的基本功能，课件是帮助教员实现一定的教学目标、完成相应教学任务的一种程序，所以制作课件时要时刻遵循这一点。所谓艺术性，就是指课件在不偏离其基本功能的前提下，充分表现课件的美感，使学习者产生愉悦的心理，从而激发其学习兴趣。

4．测试发布

当完成了多媒体课件的制作后，在发布之前，一定要对课件进行全面的测试。这是因为在开发课件的过程中，特别是在开发大型课件的过程中难免会存在一些疏漏，甚至是逻辑错误。因此，完成了课件的制作任务之后，并不意味着大功告成，一定要对每一个结构分支进行运行测试，并随时纠正存在的错误。另外，对课件进行了运行测试之后，还要求在不同的电脑上、不同的系统中进行测试，确保课件能够正常运行。通过了所有的测试以后，就可以将课件打包发行，应用于实际教学中了。

五、演示文稿的组成、设计原则

1．演示文稿的组成

演示文稿是由一张或若干张幻灯片组成的，这些幻灯片通常分为首页、概述页、过渡页、内容页和结束页，如图 3-1-1 所示。

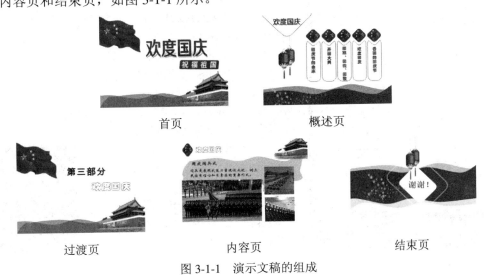

首页 概述页

过渡页 内容页 结束页

图 3-1-1　演示文稿的组成

(1) 首页：主要功能是显示演示文稿的主标题、副标题、作者和日期等，从而让观众明白要讲什么，谁来讲，以及什么时候讲。

(2) 概述页：分条概述演示文稿的内容，让观众对演示文稿有一个全局观。

(3) 过渡页：篇幅比较长的演示文稿中间要加一些过渡性的章节页，以引导出下一部分内容。

(4) 内容页：首页、概述页和章节过渡页构成了演示文稿的框架，接下来是内容页。通常，需要在内容页中列出与主标题或概述页相关的子标题和文本条目。

(5) 结束页：也就是演示文稿中的最后一张幻灯片，通常会在其中输入一些用于表明该演示文稿到此结束的文字，如谢谢、再见和谢谢观看等。

2．演示文稿的设计原则

制作演示文稿的最终目的是给观众演示，能否给观众留下深刻的印象是评定演示文稿效果的主要标准。因此，在进行演示文稿设计时一般应遵循重点突出、简捷明了、形象直观的原则。

此外，在演示文稿中应尽量减少文字的使用，因为大量的文字说明往往使观众感到乏味，应尽可能地使用其他更直观的表达方式，例如图片、图形和图表等。如果可能的话，还可以加入声音、动画和视频等，来加强演示文稿的表达效果。

六、熟悉 PowerPoint 2010 工作界面

1．启动 PowerPoint 2010

PowerPoint 2010 的启动方式有两种：

(1) 可以单击"开始"菜单，选择"所有程序"中的"Microsoft Office"，在列表中选择"Microsoft PowerPoint 2010"，如图 3-1-2 所示。

(2) 可以双击"Microsoft PowerPoint 2010"的快捷方式图标。

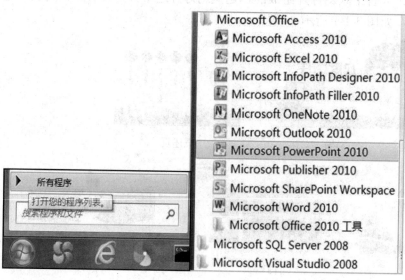

图 3-1-2　启动 PowerPoint 2010

2. PowerPoint 2010 界面组成

PowerPoint 2010 的界面主要由快速访问工具栏、标题栏、功能区、幻灯片编辑区、幻灯片/大纲窗格以及状态栏这六部分构成，如图 3-1-3 所示。

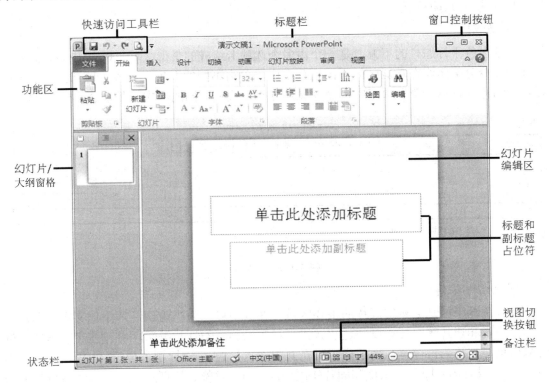

图 3-1-3 PowerPoint 2010 界面组成

1) 快速访问工具栏

快速访问工具栏用于放置一些在制作演示文稿时使用频率较高的命令按钮。默认情况下，该工具栏包含了"保存" 🖫 、"撤消" ↺ 和"重复" ↻ 按钮。如需要在快速访问工具栏中添加其他按钮，可以单击其右侧的三角按钮，在展开的列表中选择所需选项即可。此外，通过该列表，我们还可以设置快速访问工具栏的显示位置，如图 3-1-4 所示。

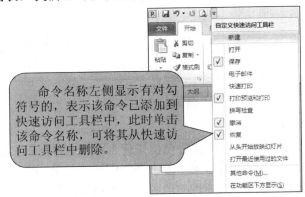

图 3-1-4 自定义快速访问工具栏

2) 标题栏

标题栏位于 PowerPoint 2010 操作界面的最顶端，其中间显示了当前编辑的演示文稿名称及程序名称，右侧是三个窗口控制按钮，分别单击它们可以将 PowerPoint 2010 窗口最小化、最大化(还原)和关闭。

3) 功能区

功能区位于标题栏的下方，是一个由多个选项卡组成的带形区域。PowerPoint 2010 将大部分命令分类组织在功能区的不同选项卡中，单击不同的选项卡标签，可切换功能区中显示的命令。在每一个选项卡中，命令又被分类放置在不同的组中，如图 3-1-5 所示。

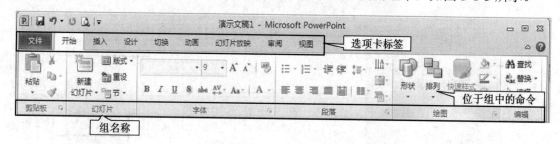

图 3-1-5 功能区

4) 幻灯片编辑区

幻灯片编辑区是编辑幻灯片的主要区域，在其中可以为当前幻灯片添加文本、图片、图形、声音和影片等，还可以创建超链接或设置动画。幻灯片编辑区有一些带有虚线边框的编辑框，被称为占位符，用于指示可在其中输入标题文本(标题占位符)、正文文本(文本占位符)，或者插入图表、表格和图片(内容占位符)等对象。幻灯片版式不同，占位符的类型和位置也不同，如图 3-1-6 所示。

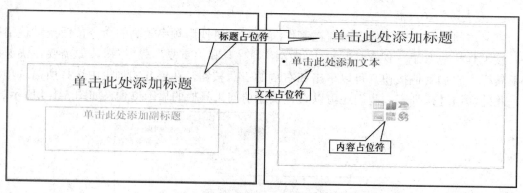

图 3-1-6 占位符

5) 幻灯片/大纲窗格

利用"幻灯片"窗格或"大纲"窗格可以快速查看和选择演示文稿中的幻灯片。其中，"幻灯片"窗格显示了幻灯片的缩略图，单击某张幻灯片的缩略图可选中该幻灯片，此时可在右侧的幻灯片编辑区编辑该幻灯片的内容；"大纲"窗格显示了幻灯片的文本大纲，如图 3-1-7 所示。

图 3-1-7 幻灯片/大纲窗格

6) 状态栏

状态栏位于程序窗口的最底部，用于显示当前演示文稿的一些信息，如当前幻灯片及总幻灯片数、主题名称、语言类型等。此外，还提供了用于切换视图模式的视图按钮，以及用于调整视图显示比例的缩放级别按钮和显示比例调整滑块等，如图 3-1-8 所示。

图 3-1-8 状态栏

此外，单击状态栏右侧的 ▦ 按钮，可按当前窗口大小自动调整幻灯片的显示比例，使其在当前窗口中可以显示全局效果。

3. PowerPoint 2010 视图模式

PowerPoint 2010 提供了普通视图、幻灯片浏览、备注页和阅读视图等几种视图模式。单击状态栏或"视图"选项卡"演示文稿视图"组中的相应按钮，可切换不同的视图模式，如图 3-1-9 所示。

图 3-1-9 "视图"选项卡

其中，普通视图是 PowerPoint 2010 默认的视图模式，主要用于制作演示文稿；在幻灯片浏览视图中，幻灯片以缩略图的形式显示，从而方便用户浏览所有幻灯片的整体效果；备注页视图以上下结构显示幻灯片和备注页面，主要用于编写备注内容；阅读视图是以窗口的形式来查看演示文稿的放映效果。

七、新建和保存演示文稿

1. 创建空白演示文稿

单击"文件"菜单中的"新建"命令，在后台界面中单击"空白演示文稿"→"创建"

按钮即可，如图 3-1-10 所示。

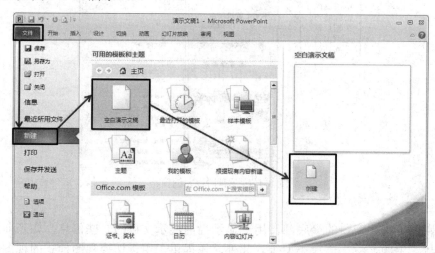

图 3-1-10　创建空白演示文稿

2. 利用模板或主题创建演示文稿

利用系统内置的模板或主题可以创建具有漂亮格式的演示文稿。二者的不同之处是，利用模板创建的演示文稿通常还带有相应的内容，用户只需对这些内容进行修改，便可快速设计出专业的演示文稿；而主题则是幻灯片背景、版式和字体等格式的集合。

要利用模板创建演示文稿，只需在新建界面中单击"样本模板"选择需要的模板，单击"创建"按钮即可。例如，单击"样本模板"，在打开的列表中选择"现代型相册"模板，单击"创建"按钮，即打开现代型相册模板，如图 3-1-11 所示。

图 3-1-11　利用模板创建

若要利用主题创建演示文稿，只需在新建界面中单击"主题"选项，然后在打开的列表中选择需要的主题，单击"创建"按钮即可。例如，单击"主题"选项，在打开的列表中选择"聚合"主题，再单击"创建"按钮，即使用该主题创建了演示文稿，如图 3-1-12 所示。

图 3-1-12　利用主题创建

3. 保存和关闭演示文稿

用户在制作演示文稿时，要养成随时保存演示文稿的习惯，以防止发生意外而使正在编辑的内容丢失。编辑完毕并保存演示文稿后，还需要将其关闭。保存方式如图 3-1-13 所示。

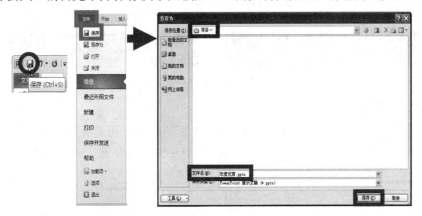

图 3-1-13　保存演示文稿

对演示文稿执行第二次保存操作时，不用再打开"另存为"对话框，若希望将文档另存一份，可在"文件"选项卡界面中选择"另存为"项，在打开的"另存为"对话框中进行设置。

要关闭演示文稿，可在"文件"选项卡界面中选择"关闭"项；若希望退出 PowerPoint 2010 程序，可在该界面中单击"退出"按钮，或按"Alt + F4"组合键。保存文档提示对话框如图 3-1-14 所示。

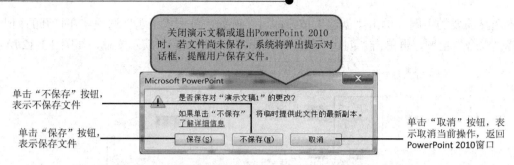

图 3-1-14　保存文档提示对话框

八、使用幻灯片

1. 使用占位符输入文本

在占位符中输入文本，可直接单击占位符，然后输入所需文本即可，如图 3-1-15 所示。单击占位符后将鼠标指针移到其边框线上，按下鼠标左键可将其选中，此时边框线由虚线变成实线。当将鼠标指针移到其四周控制点上时，鼠标指针变成双向箭头形状，按下鼠标左键并拖动，可更改其大小；将鼠标指针移到占位符边框线上，待鼠标指针变成"十"字箭头形状时，按下鼠标左键并拖动，可移动其位置。

图 3-1-15　使用占位符输入文本

2. 添加幻灯片

要在演示文稿的某张幻灯片的后面添加一张新幻灯片，可首先在"幻灯片"窗格中单击该幻灯片将其选中，然后按"Enter"键或"Ctrl + M"组合键，如图 3-1-16 所示。

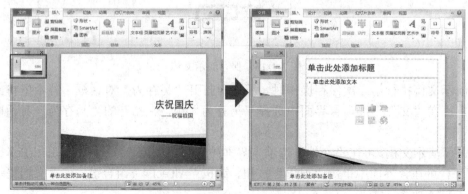

图 3-1-16　添加幻灯片

要按一定的版式添加新的幻灯片,可在选中幻灯片后单击"开始"选项卡上"幻灯片"组中"新建幻灯片"按钮下方的三角按钮,在展开的幻灯片版式列表中选择新建幻灯片的版式,如图 3-1-17 所示。

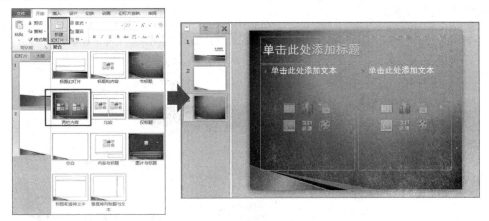

图 3-1-17 选择版式

3. 更改幻灯片版式

幻灯片版式主要用来设置幻灯片中各元素的布局(如占位符的位置和类型等)。用户可在新建幻灯片时选择幻灯片版式,也可在创建好幻灯片后,单击"开始"选项卡上"幻灯片"组中的"版式"按钮,在展开的列表中重新为当前幻灯片选择版式,如图 3-1-18 所示。

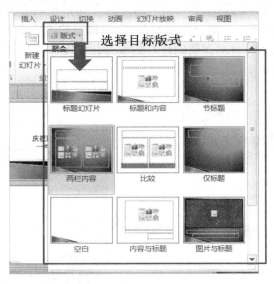

图 3-1-18 更改版式

4. 选择、复制和删除幻灯片

(1) 选择单张幻灯片,直接在"幻灯片"窗格中单击该幻灯片即可。要选择连续的多张幻灯片,可在按住"Shift"键的同时单击前后两张幻灯片;要选择不连续的多张幻灯片,可在按住"Ctrl"键的同时依次单击要选择的幻灯片。

(2) 复制幻灯片,可在"幻灯片"窗格中选择要复制的幻灯片,然后用鼠标右键单击所选幻灯片，在弹出的快捷菜单中选择"复制"项，在"幻灯片"窗格中要插入复制的幻灯片的位置右键单击鼠标，从弹出的快捷菜单中选择一种粘贴选项，如"使用目标主题"项(表示复制过来的幻灯片格式与目标位置的格式一致)，即可将复制的幻灯片插入到该位置，如图 3-1-19 所示。

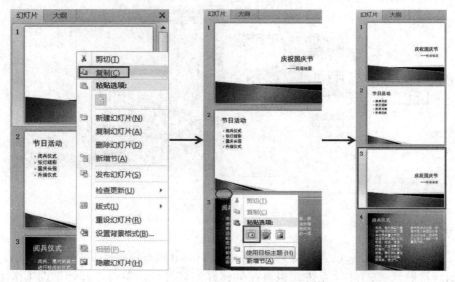

图 3-1-19 复制幻灯片

(3) 将不需要的幻灯片删除，首先在"幻灯片"窗格中选中要删除的幻灯片，然后按"Delete"键；或用鼠标右键单击要删除的幻灯片，在弹出的快捷菜单中选择"删除幻灯片"项。删除幻灯片后，系统将自动调整幻灯片的编号，如图 3-1-20 所示。

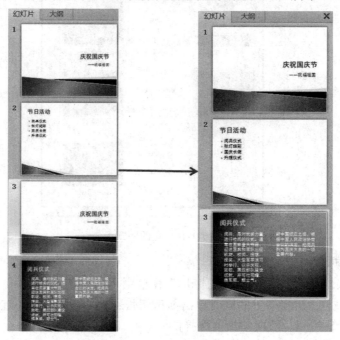

图 3-1-20 删除幻灯片

5．调整幻灯片顺序

演示文稿制作好后，在播放演示文稿时，将按照幻灯片在"幻灯片"窗格中的排列顺序进行播放。若要调整幻灯片的排列顺序，可在"幻灯片"窗格中单击选中要调整顺序的幻灯片，然后按住鼠标左键将其拖到需要的位置即可，如图 3-1-21 所示。

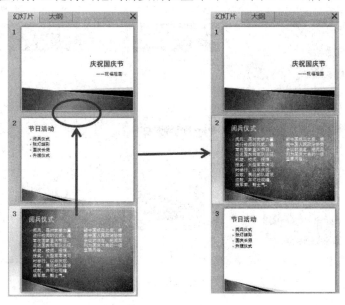

图 3-1-21　移动幻灯片

任务二　制作《校园风景相册》演示文稿

【学习目标】

(1) 掌握利用本机模板创建演示文稿的方法，并能用多种视图方式浏览幻灯片。

(2) 掌握幻灯片中文本编辑与设置的方法。

(3) 掌握幻灯片的保存、放映等技能。

【相关知识】

演示文稿：在 PowerPoint 中，演示文稿和幻灯片这两个概念有一定的区别。利用 PowerPoint 做出来的作品叫做演示文稿，它是一个文件。而演示文稿中的每一页叫做幻灯片，每张幻灯片都是演示文稿中既相互独立又相互联系的内容。

模板：是另存为".potx"文件的一张幻灯片或一组幻灯片的图案或蓝图。模板可以包含版式、主题颜色、主题字体、主题效果和背景样式，甚至还可以包含内容。可以创建自己的自定义模板，然后存储、重用以及与他人共享它们。此外，还可以获取多种不同类型的 PowerPoint 内置免费模板，也可以在"Office.com"和其他合作伙伴网站上获取可以应用于自己的演示文稿的数百种免费模板。

【任务说明】

利用 PowerPoint 2010 自带的"现代型相册"样本模板制作《校园风景相册》演示文稿，并将相关的说明性文字进行编辑与设置，效果如图 3-2-1 所示。

图 3-2-1　《校园风景相册》演示文稿效果图

【任务实施】

一、使用模板创建《校园风景相册》演示文稿

具体步骤：

(1) 打开 PowerPoint 2010。

(2) 单击"文件"菜单项，打开文件操作子菜单。

(3) 单击"新建"命令，打开"样本模板"。

(4) 单击"可用的模板和主题"列表中的"样本模板"，打开已安装的模板列表，如图 3-2-2 所示。

图 3-2-2　使用"现代型相册"模板创建

（5）选择"样本模板"列表中的"现代型相册"模板，单击"创建"按钮，打开现代型相册模板。

二、修改页面

（1）打开视图窗格中的"幻灯片"选项卡，单击第一张幻灯片缩略图，让第一张幻灯片在工作区中显示，如图 3-2-3 所示。

图 3-2-3　选择第一张幻灯片

（2）单击左上角的占位符，按"Delete"键删除占位符中的图片，如图 3-2-4 所示。

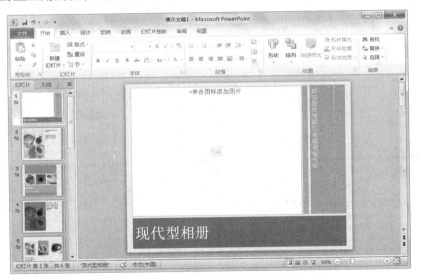

图 3-2-4　删除占位符中的图片

（3）单击左上角占位符中的图片标志，打开插入图片对话框，插入图片"校园 1.jpg"。

（4）删除占位符中的文本"现代型相册"，输入"校园风景"，将字体设置为"隶书",字号设置为"60",幻灯片效果如图 3-2-5 所示。

(5) 单击工作区窗口中垂直滚动条的下拉箭头,使第二张幻灯片成为当前幻灯片,如图 3-2-6 所示。

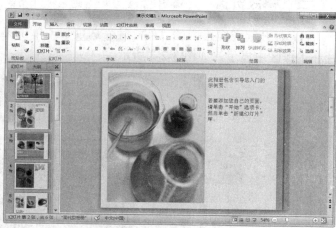

图 3-2-5　第一张幻灯片效果　　　　　　　图 3-2-6　选择第二张幻灯片

三、设置版式

(1) 单击"开始"选项卡"幻灯片"任务组中的"版式"命令按钮,或者用鼠标右键单击第二张幻灯片,在快捷菜单中选择"版式"命令,即可打开"版式"下拉列表,如图 3-2-7 所示。

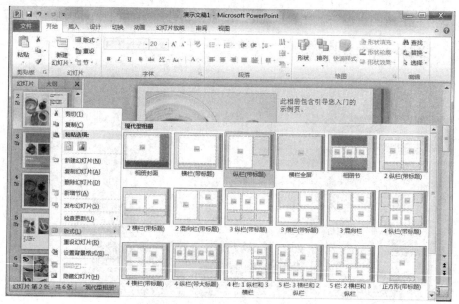

图 3-2-7　更改第二张幻灯片版式

(2) 单击版式"2 横栏(带标题)",改变当前幻灯片的版式,效果如图 3-2-8 所示。

(3) 单击左边占位符中的图片标志,打开"插入图片"对话框,插入图片"校园 2.jpg"。

图 3-2-8　第二张幻灯片

(4) 删除标题占位符中的文本，输入图片的相关信息"图书馆前一景"，如图 3-2-9 所示。

图 3-2-9　插入图片

四、设置形状格式

(1) 右键单击占位符边框，打开快捷菜单，选择"设置形状格式"命令，打开"设置形状格式"对话框。

(2) 单击左边列表中的"文本框"，选中"文字版式"栏"垂直对齐方式"下拉列表中的"中部居中"对齐方式，如图 3-2-10 所示。

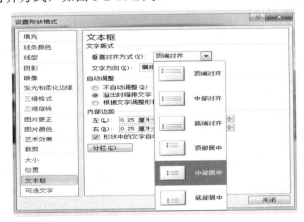

图 3-2-10　设置文本对齐方式

(3) 选中文本"图书馆前一景",将字号设置为"40",幻灯片效果如图 3-2-11 所示。

图 3-2-11　设置文本格式

(4) 单击右边占位符中的图片,按"Delete"键,删除模板中预设的图片。

(5) 参照前面的操作插入新图片,并在标题占位符中输入文本"大礼堂内景",幻灯片效果如图 3-2-12 所示。

图 3-2-12　第二张幻灯片效果

五、编辑幻灯片

(1) 用右键单击"幻灯片"窗格中的第二张幻灯片,在弹出的快捷菜单中选择"复制幻灯片"命令,可以将第二张幻灯片复制一份,成为第三张幻灯片,效果如图 3-2-13 所示。

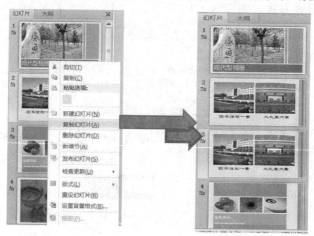

图 3-2-13　复制第二张幻灯片

(2) 在第三张幻灯片的第一张图片上单击鼠标右键，在弹出的快捷菜单中选择"更改图片"，会出现"插入图片"对话框，如图 3-2-14 所示。

图 3-2-14　更改图片

(3) 在弹出的对话框中选择"校园 4.jpg"，即可更改原图片。按照同样的方法，更改第三张幻灯片上第二张图片为"校园 5.jpg"。同时将两个文本框中的文本改为"训练中心外景"、"院史馆一景"。效果如图 3-2-15 所示。

图 3-2-15　第三张幻灯片效果

(4) 更改第四张幻灯片中第一个文本占位符中的文本为"我们的校园"，效果如图 3-2-16 所示。

图 3-2-16　第四张幻灯片效果

(5) 在"开始"选项卡的"幻灯片"功能组中，单击"新建幻灯片"按钮右侧的倒三角按钮，即会弹出版式列表。选择"横栏(带标题)"版式，即可新建第五张幻灯片，如图3-2-17 所示。

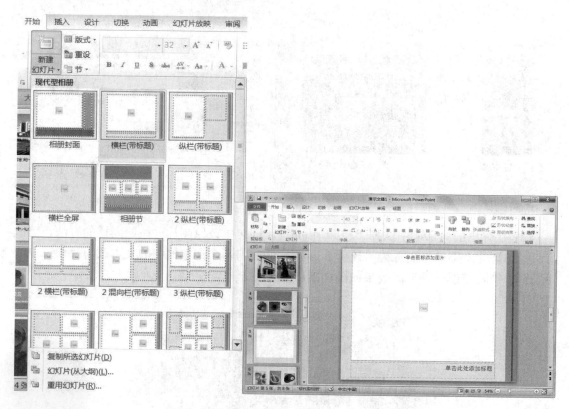

图 3-2-17　新建"横栏(带标题)"版式幻灯片

(6) 在新建的幻灯片中单击占位符中的图标，插入图片"校园 6.jpg"。在图片上方的文本占位符中输入"操场"。同样的，新建幻灯片，添加"校园 7.jpg"，幻灯片效果如图3-2-18 所示。

图 3-2-18　第五张和第六张幻灯片效果

(7) 按照同样的方法，新建幻灯片，插入图片"校园 8.jpg"。在图片下方的文本占位符中输入"花坛"，幻灯片效果如图 3-2-19 所示。

图 3-2-19 第七张幻灯片效果

(8) 在窗口左侧的"幻灯片"选项卡中，单击选中第八张幻灯片，然后按住"Shift"键，单击当前演示文稿中的最后一张幻灯片，按"Delete"键，将选中的幻灯片全部删除。

(9) 将第四张幻灯片选中，按住鼠标左键拖曳到最后一页，作为结束幻灯片。

以"校园风景"为文件名保存该演示文稿。

按"F5"键，放映当前演示文稿，观看效果。

小知识：单击状态栏的"幻灯片放映"按钮 ，或"视图"选项卡"演示文稿视图"组中的"幻灯片放映"按钮，则以全屏幕方式播放当前幻灯片。单击鼠标左键，可以继续播放下一张幻灯片，按"Esc"键将退出幻灯片放映。也可以直接按"F5"键从首页幻灯片开始播放。

六、编辑与设置文本

1．在幻灯片中添加文本

1）使用文本框添加文本

使用"绘图"组中的文本框工具灵活地在幻灯片的任何位置输入文本的操作如下。

在"幻灯片"窗格中选中要添加文本的幻灯片，然后单击"开始"选项卡"绘图"组中的"文本框"按钮，然后在要插入文本框的位置按住鼠标左键并拖动，即可绘制一个文本框，如图 3-2-20 所示。

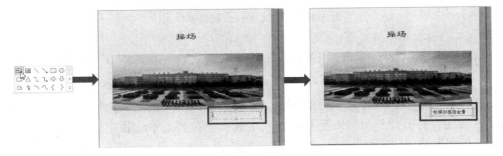

图 3-2-20 使用文本框添加文本

如果单击"绘图"组中的"垂直文本框"按钮，则可绘制一个竖排文本框，在其中输入的文本将竖排放置。

选择文本框工具后，如果在需要插入文本框的位置单击，可插入一个单行文本框。在单行文本框中输入文本时，文本框可随输入的文本自动向右扩展。如果要换行，可按"Shift + Enter"组合键，或按"Enter"键开始一个新的段落。

选择文本框工具后，如果利用拖动方式绘制文本框，则绘制的是换行文本框。在换行文本框中输入文本时，当文本到达文本框的右边缘时将自动换行，此时若要开始新的段落，可按"Enter"键。相关操作如图 3-2-21 所示。

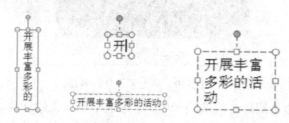

图 3-2-21　使用文本框添加文字的相关操作

在 PowerPoint 中绘制的文本框默认是没有边框的，要为文本框设置边框，可首先单击文本框边缘将其选中，然后单击"开始"选项卡"绘图"组中的"形状轮廓"按钮右侧的三角按钮，在展开的列表中选择边框颜色和粗细等。给第五张幻灯片的文本框设置的边框样式如图 3-2-22 所示。

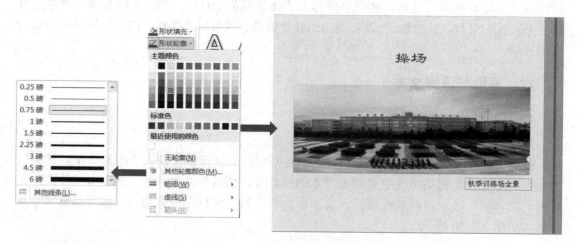

图 3-2-22　为文本框设置边框样式

2) 添加特殊符号

要在演示文稿中输入键盘上没有的符号，如单位符号、数学符号、几何图形等，可利用"符号"对话框完成输入。

将插入符置于要插入特殊符号的位置，然后在"插入"选项卡上单击"符号"组中的"符号"按钮，打开"符号"对话框；在"字体"下拉列表中选择字体，然后在下方的符号列表中选择要插入的符号，单击"插入"按钮，即可将其插入到插入符所在的位置，最后单击"关闭"按钮关闭"符号"对话框。在幻灯片中添加特殊符号如图 3-2-23 所示。

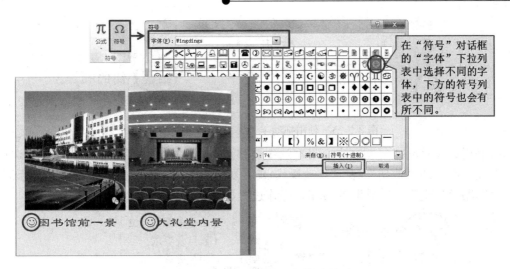

图 3-2-23　在幻灯片中添加特殊符号

2．编辑文本

1) 选择文本

文本的选择方法如表 3-2-1 所示。

表 3-2-1　选择文本的主要方法

要选中的文本	操 作 方 法
任意少量文本	将鼠标"Ⅰ"形指针置于要选择文本的开始处，按住鼠标左键不放并拖动，至要选择文本的末端时释放鼠标左键
任意大量文本	将鼠标指针置于要选择文本的开始处，然后按住"Shift"键的同时在要选择文本的末端单击鼠标，可选中两次单击鼠标之间的文本
一个段落	在该段内的任意位置连击三次鼠标左键
所有文本	将鼠标指针置于文本框中，按"Ctrl + A"组合键

如果要设置文本框或占位符中所有文本的格式，可单击文本框或占位符边缘将其选中。

2) 移动与复制文本

在 PowerPoint 2010 中，我们可以利用拖动方式，或"剪切"、"复制"、"粘贴"命令来移动或复制文本。

要利用拖动方式移动文本，可首先选中要移动的文本，然后按住鼠标左键并拖动，到新位置后释放鼠标左键，所选文本即从原位置移动到了新位置，操作过程如图 3-2-24 所示。

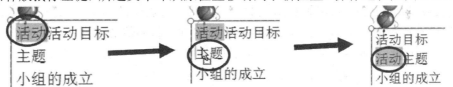

图 3-2-24　使用拖动方式移动文本

若在拖动过程中按住"Ctrl"键，移动操作将变为复制操作，原位置仍保留复制的对象，操作过程如图 3-2-25 所示。

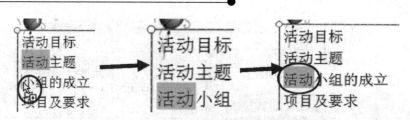

图 3-2-25　使用拖动 + "Ctrl"键方式复制文本

要利用命令移动或复制文本，可在选中要移动或复制的文本后，单击"开始"选项卡"剪贴板"组中的"剪切"(表示移动操作)或"复制"按钮，然后将插入符置于目标位置，单击"剪贴板"组中的"粘贴"按钮，操作过程如图 3-2-26 所示。

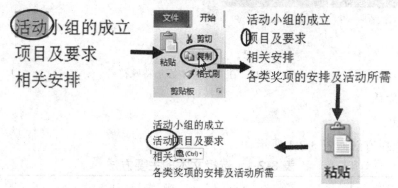

图 3-2-26　利用命令移动或复制文本

剪切、复制和粘贴命令的快捷键分别为"Ctrl + X"、"Ctrl + C"和"Ctrl + V"。粘贴文本后，会出现一个"粘贴选项"按钮，单击该按钮，可从展开的列表中选择目标文本采用的格式，"粘贴选项"按钮说明如图 3-2-27 所示。

图 3-2-27　"粘贴选项"按钮说明

短距离移动或复制文本，常用鼠标拖动法；若要在不同程序、不同演示文稿或幻灯片中移动或复制文本，则采用剪切、复制和粘贴命令。

如图 3-2-28 所示，若要删除文本，可将插入符移至要删除的文本处，此时按"Backspace"键可删除插入符左侧的文本，按"Delete"键可删除插入符右侧的文本；也可在选中文本后，按"Delete"键或"Backspace"键将其一次性删除。

图 3-2-28　删除文本

3) 查找与替换文本

查找文本：如果要从某张幻灯片开始查找演示文稿的特定内容，可切换到该幻灯片，并在相应的位置单击。再单击"开始"选项卡"编辑"组中的"查找"按钮，或按"Ctrl+F"组合键，打开"查找"对话框，在"查找内容"编辑框中输入要查找的内容。单击"查找下一个"按钮，系统将从插入符处开始查找，然后停在第一次出现查找内容的位置，查找到的内容会呈蓝色底纹显示。如图 3-2-29 所示，查找文本"王曲"后，"王曲"呈蓝色底纹显示。

图 3-2-29　查找文本

"区分大小写"复选框：选中该复选框可在查找时区分英文大小写。

"全字匹配"复选框：限制查找到的内容与指定查找的内容完全一致，主要针对英文。例如，查找"fat"，若不选择此项，则"father"也会被查找到。

"区分全/半角"复选框：查找时区分全、半角。例如，查找"时间，"，若不选择此项，则"时间，"也会被查找到。

"替换"按钮：单击该按钮将打开"替换"对话框，在该对话框中，可用指定的文本替换查找到的文本。

继续单击"查找下一个"按钮，系统将继续查找，并停在下一个出现查找内容的位置。查找完毕，会出现一个提示对话框，在该对话框中单击"确定"按钮，结束查找操作，然后在"查找"对话框中单击"关闭"按钮，关闭该对话框。

替换文本：在"编辑"组中单击"替换"按钮，或按"Ctrl+H"组合键，打开"替换"对话框。在"查找内容"编辑框中输入要查找的内容，如"将项"，在"替换为"编辑框中输入要替换为的内容，单击"查找下一个"按钮，系统将从插入符所在的位置处开始查找，然后停在第一次出现文字"将项"的位置，并以蓝色底纹显示查找到的文字。单击"替换"按钮，将该处的"将项"替换为"奖项"，同时，下一个要被替换的内容以蓝色底纹显示。若不需替换查找到的文本，可单击"查找下一个"按钮继续查找；单击"全部替换"按钮，可一次性替换演示文稿中所有符合查找条件的内容。完成替换操作后，在出现的提示对话框中单击"确定"按钮，然后关闭"替换"对话框即可。

如图 3-2-30 所示，利用查找替换功能，将第八张幻灯片中"将项"替换为"奖项"。

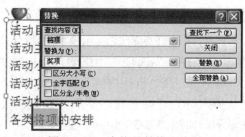

图 3-2-30　查找并替换文本

3．设置文本的字符格式

1）使用功能区设置

使用"开始"选项卡"字体"组中的按钮，可快速地设置文本的字符格式。选中要设置字符格式的文本或文本所在文本框(占位符)，然后单击"开始"选项卡"字体"组中的相应按钮即可。如图 3-2-31 所示，将第二张幻灯片中的文本"简介"设置为"华文琥珀"，字号为"54"，加粗，颜色为"深蓝"。

图 3-2-31　使用功能区设置文本的字符格式

2）使用对话框设置

利用"字体"对话框不仅可以完成"字体"组中的所有字符设置功能，还可以分别设置中文和西文字符的格式。选中要设置字符格式的文本或文本所在文本框(占位符)，然后单击"开始"选项卡"字体"组右下角的对话框启动器按钮，打开"字体"对话框，在其中进行相应设置即可。如图 3-2-32 所示，利用对话框给文本"秋季训练场全景"设置格式：字体为"方正姚体"，字号为"18"，加粗倾斜，字体颜色为"橙色"。

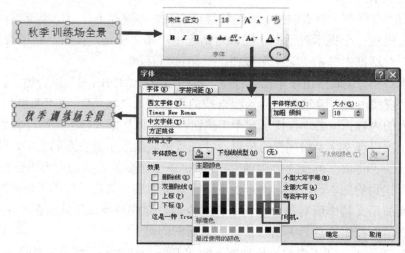

图 3-2-32　使用对话框设置文本的字符格式

4. 设置文本的段落格式

1) 设置段落的对齐

在 PowerPoint 中，段落的对齐是指段落相对于文本框或占位符边缘的对齐，包括左对齐、右对齐、居中对齐、两端对齐和分散对齐。要快速设置段落的对齐方式，可在选中段落后单击"开始"选项卡"段落"组中的相应按钮，相关说明如图 3-2-33 所示。

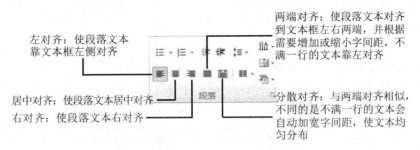

图 3-2-33 "段落"组中的相应按钮说明

如果要设置文本框或占位符中的所有文本相对于占位符或文本框的对齐方式，可在选中占位符或文本框后，单击"段落"组中的"对齐文本"按钮，在展开的列表中选择一种对齐方式即可。如图 3-2-34 所示，第八张幻灯片文本设置为"中部对齐"。

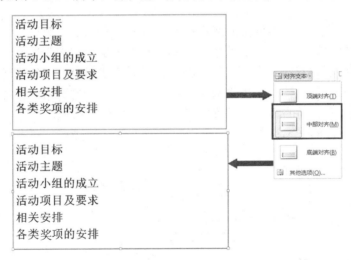

图 3-2-34 设置文本相对于文本框或占位符的对齐方式

2) 设置段落的缩进、间距和行距

在 PowerPoint 2010 中，我们一般是利用"段落"对话框来设置段落的缩进、间距和行距。

选中要设置段落的文本或文本所在文本框，接着单击"开始"选项卡"段落"组右下角的对话框启动器按钮，打开"段落"对话框，在其中进行设置并确定即可。

文本之前：设置段落所有行的左缩进效果。

特殊格式：在该下拉列表框中包括"无"、"首行缩进"和"悬挂缩进"三个选项。"首行缩进"表示将段落首行缩进指定的距离；"悬挂缩进"表示将段落首行外的行缩进指定的距离；"无"表示取消首行或悬挂缩进。

间距：设置段落与前一个段落(段前)或后一个段落(段后)的距离。

行距：设置段落中各行之间的距离。

第二张幻灯片的文本段落格式设置如图 3-2-35 所示。

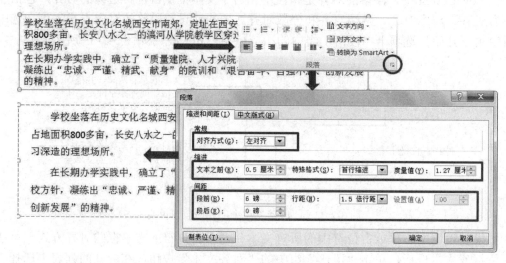

图 3-2-35　设置段落的缩进、间距和行距

3) 设置分栏

分栏是指将占位符或文本框中的文本以两栏或多栏方式进行排列。

选中要进行分栏的文本，单击"开始"选项卡"段落"组中的"分栏"按钮 ，在展开的列表中选择分栏项；若列表中没有所需的分栏项或希望对分栏进行设置，可单击"更多栏"项，打开"分栏"对话框，在"数字"编辑框中输入分栏数目，在"间距"编辑框中可调整或设置栏与栏之间的距离，设置完毕，单击"确定"按钮。

给第二张幻灯片的文本设置分栏，分栏数字为"2"，间距为"1 厘米"，效果如图 3-2-36 所示。

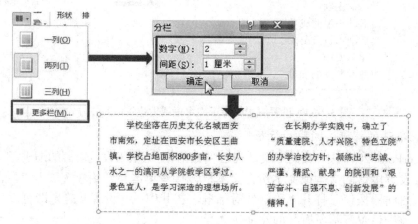

图 3-2-36　设置分栏效果图

4) 设置文本方向和文本框

在 PowerPoint 中，我们可以将文本框或占位符中的文本以竖排、旋转 90 度等方向排

列。此外，利用"设置文本效果格式"对话框的"文本框"选项卡，还可精确地设置文字在文本框中的对齐方式、方向，以及距文本框边缘的距离等。

选中文本占位符中的文本，单击"段落"组中的"文字方向"按钮，在展开的列表中显示了系统提供的多种文字排列方式，用户可从中选择需要的选项。若单击列表中的"其他选项"，打开"设置文本效果格式"对话框的"文本框"选项卡，在"文字方向"下拉列表中可选择文字的排列方式，在"水平对齐方式"下拉列表中可选择文本相对于文本框的对齐方式；在该对话框的"自动调整"设置区可设置占位符和文本框内文本的调整方式；在"内部边距"设置区可设置文本距占位符和文本框边缘的距离。

如图 3-2-37 所示，将第二张幻灯片中文本的文字方向设置为"竖排"，对齐方式为"居中"。

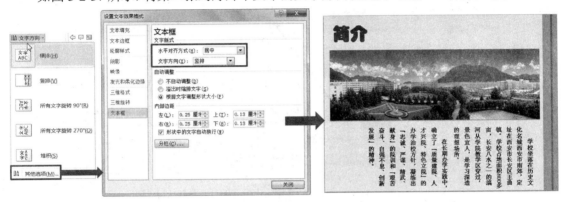

图 3-2-37　设置文本方向和文本框

5. 使用项目符号和编号

1）添加项目符号

要为文本框或占位符内的段落文本添加项目符号，可将插入符定位在要添加项目符号的段落中，或选择要添加项目符号的多个段落，单击"开始"选项卡"段落"组中的"项目符号"按钮右侧的三角按钮，在展开的列表中选择一种项目符号。第八张幻灯片文本设置项目符号效果如图 3-2-38 所示。

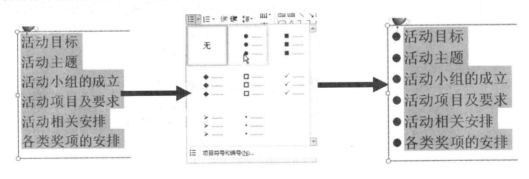

图 3-2-38　添加项目符号

若列表中没有需要的项目符号，或需要设置符号的大小和颜色等，可单击列表底部的"项目符号和编号"项，打开"项目符号和编号"对话框。若希望为段落添加图片项目符号，可单击对话框中的"图片"按钮，打开"图片项目符号"对话框，在该对话框中可选择需要的图片作为项目符号。若希望添加自定义的项目符号，可在"项目符号和编号"对话框中单击"自定义"按钮，打开"符号"对话框，然后进行设置并确定即可，如图 3-2-39 所示。

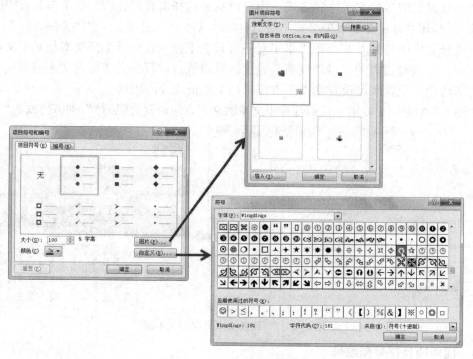

图 3-2-39　自定义项目符号

2）添加编号

用户可为幻灯片中的段落添加系统内置的或自定义的编号。

将插入符置于要添加编号的段落中，或选中要添加编号的多个段落，单击"开始"选项卡"段落"组中的"编号"按钮右侧的三角按钮，在展开的列表中选择一种系统内置的编号样式，即可为所选段落添加编号。第八张幻灯片文本添加编号的效果如图 3-2-40 所示。

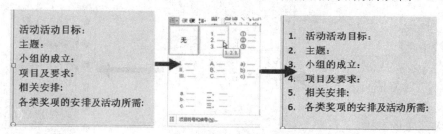

图 3-2-40　添加编号

七、用不同的方式浏览演示文稿

1．普通视图

普通视图是 PowerPoint 默认的显示方式，在这个视图中可以同时编辑演示文稿大纲、幻灯片和备注页，能较全面地掌握整个演示文稿的情况。制作或修改幻灯片基本上都是在普通视图状态下完成的。

2．幻灯片浏览视图

单击状态栏上的"幻灯片浏览"按钮 ，或"视图"选项卡"演示文稿视图"组中的"幻灯片浏览"按钮，可切换为幻灯片浏览视图的显示方式，如图 3-2-41 所示。在浏览视图中，可以在同一个窗口中看到这个演示文稿中所有幻灯片的缩略图，可以方便地复制、删除和移动幻灯片。

图 3-2-41　幻灯片浏览视图

3．阅读视图

单击状态栏上的"阅读视图"按钮 ，或"视图"选项卡"演示文稿视图"组中的"阅读视图"按钮，可切换为阅读视图的显示方式，如图 3-2-42 所示。

图 3-2-42　阅读视图

4．备注页视图

单击"视图"选项卡"演示文稿视图"组中的"备注页"按钮 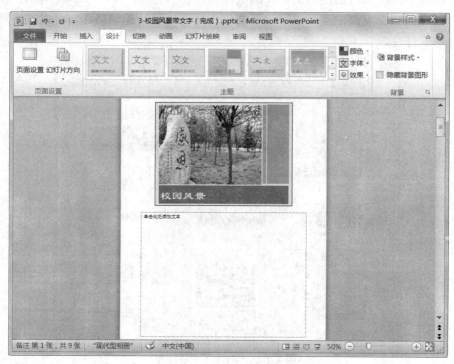，则切换为备注页视图显示方式，每张幻灯片对应一个备注页，上半部分显示幻灯片，下半部分可以编辑演讲者等备注信息，如图 3-2-43 所示。这些备注信息在播放幻灯片时不会出现，只给制作者起提示作用。

图 3-2-43　备注页视图

【课堂练习】

利用以上所学知识，新建其他版式幻灯片并添加图片和文字。创建位置为第二张和第八张，幻灯片效果分别如图 3-2-44 和图 3-2-45 所示。

图 3-2-44　第二张幻灯片效果

图 3-2-45　第八张幻灯片效果

任务三　制作《美丽的军营》演示文稿(一)

【学习目标】

(1) 学会为幻灯片套用设计模板，学会改变幻灯片字体和配色方案等的方法。

(2) 掌握在幻灯片中插入艺术字、图片及绘制自选图形和 SmartArt 图形的方法。

【相关知识】

幻灯片版式：包括要在幻灯片上显示的全部内容的格式设置、位置和占位符。占位符是版式中的容器,可容纳如文本(包括正文文本、项目符号列表和标题)、表格、图表、SmartArt图形、影片、声音、图片等内容。而版式也包括幻灯片的主题(颜色、字体、效果和背景)。

SmartArt：是 PowerPoint 自带的一款插件,使用 SmartArt 可以在 PPT 中快速进行图文排版,是使传递信息和观点更为直观和直接的方式之一。可以通过从多种不同布局中进行选择来创建 SmartArt 图形,如列表、流程、循环、关系、层次结构、矩阵、棱锥图、图片等,从而快速、轻松、有效地传达信息。

【任务说明】

绿色的军营,绿色的梦想。军营如诗,诗中的韵律在军营回荡；军营如歌,歌中的音律在军营飘扬；军营如画,画中的旋律在军营流淌。任务通过插入艺术字、图片及绘制自选图形、SmartArt 图形,利用设计模板、更改配色方案、修改幻灯片背景、修改模板等方法创建图文并茂的演示文稿,展示军营风采。演示文稿缩略图如图 3-3-1 所示。

图 3-3-1 "美丽的军营"演示文稿效果

【任务实施】

一、新建 PowerPoint 文稿并创建文字

(1) 启动 PowerPoint 2010 软件,系统自动新建一个临时文件名为"演示文稿 1"的空白演示文稿,将其保存为"美丽的军营.pptx"。

(2) 在第一张幻灯片的标题占位符中输入"美丽的军营",在副标题占位符中输入"老兵",如图 3-3-2 所示。

图 3-3-2 第一张幻灯片输入标题和副标题

(3) 在"开始"选项卡的"新建幻灯片"下拉列表中,选择版式"仅标题",并在标题

占位符中输入"忠诚 严谨 精武 献身",如图 3-3-3 所示。

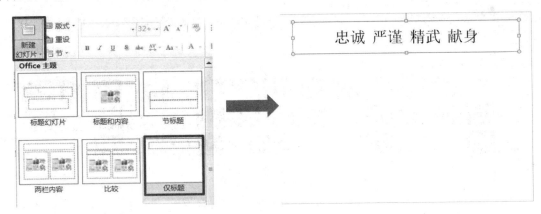

图 3-3-3 创建版式为"仅标题"的第二张幻灯片并输入文字

(4) 使用与步骤(3)相同的方法,创建第三张幻灯片,并输入标题为"营区"。在"插入"选项卡"文本"组中,选择"文本框"下拉列表中的"横排文本框",并输入如图 3-3-4 所示的文字。

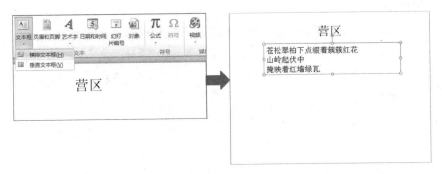

图 3-3-4 创建版式为"仅标题"的第三张幻灯片并输入文字

(5) 使用相同的方法,继续创建幻灯片并输入标题和文字,如图 3-3-5 所示。

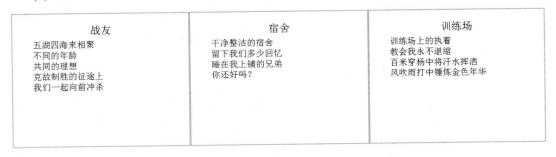

图 3-3-5 继续创建幻灯片并输入标题和文字

二、给演示文稿应用主题及修改主题

(1) 在"设计"选项卡的"主题"功能组中,单击主题列表右下角的倒三角按钮,打开"主题"列表,选择"新闻纸"主题,如图 3-3-6 所示。

图 3-3-6　应用主题"新闻纸"

　　当然，可以尝试更换不同的模板，还可以尝试使用各种配色方案。看看都有什么不同的效果。

　　(2) 设置主题的字体。单击"设计"选项卡"主题"组中的"字体"命令按钮，选择列表中的"行云流水"，即可将演示文稿中的所有字体设置为"华文行楷"。也可以尝试其他字体，如图 3-3-7 所示。

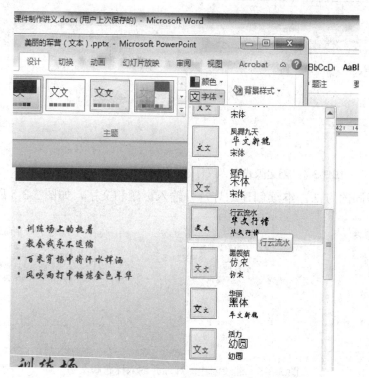

图 3-3-7　设置主题字体

　　(3) 设置项目符号。将第三张幻灯片的内容文本选中，单击"开始"选项卡"段落"组中的"项目符号"按钮右边的倒三角按钮，在列表中选择"项目符号和编号"命令，如图 3-3-8 所示。

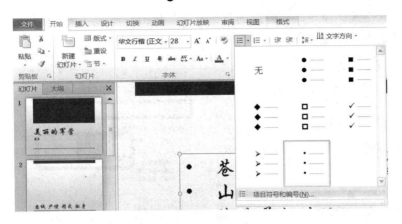

图 3-3-8　设置项目符号

在"项目符号和编号"对话框中设置颜色为"深红",如图 3-3-9 所示。然后单击"自定义"按钮,在弹出的"符号"对话框中,选择"Webdings"字体中的"★"符号并单击"确定",如图 3-3-10 所示。第三张幻灯片项目符号设置最终效果如图 3-3-11 所示。

图 3-3-9　设置项目符号颜色

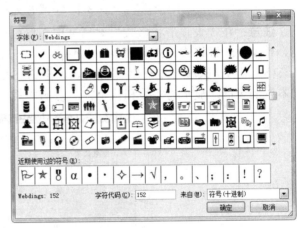

图 3-3-10　选择项目符号

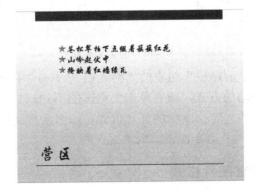

图 3-3-11　项目符号设置效果

(4) 设置文本对齐方式。右键单击第三张幻灯片中内容文本的文本框,在快捷菜单中选择"设置形状格式"命令，在弹出的对话框中，单击左侧的"文本框"按钮，设置文本的垂直对齐方式为"顶端对齐"，如图 3-3-12 所示。

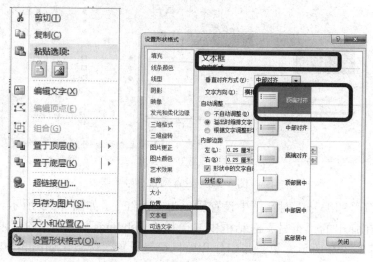

图 3-3-12　设置文本对齐方式

注意：在"设置形状格式"对话框中不仅可以设置文本框的各个属性，还可以设置填充、轮廓、三维格式、效果等各种属性。

(5) 用"格式刷"统一字体格式。单击第三张幻灯片内容文本框的边框，将其选中，文本框的边框即显示为实线和八个控制点的样式，如图 3-3-13 所示。

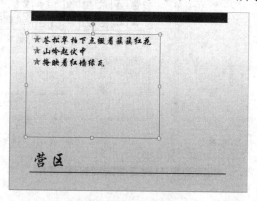

图 3-3-13　选中文本框

双击"开始"选项卡"剪贴板"组中的"格式刷"　命令按钮，使鼠标变成一把小刷子后，用鼠标滚轮向下滚动的方式，或者单击大纲区的不同幻灯片切换到下一张幻灯片，用鼠标单击后边幻灯片中的内容文本框的任意位置，即可实现用格式刷更改格式。格式设置完毕，再单击"格式刷"　命令按钮，取消格式刷。

三、插入图片及设置图片格式

1. 插入图片

在大纲编辑区选中第三张幻灯片，选择"插入"选项卡中的"图片"命令按钮，弹出

"插入图片"对话框，如图 3-3-14 所示。按住"Ctrl"键，在"任务四素材"文件夹中选中"图片 1.jpg"和"图片 2.jpg"后，单击"插入"按钮，即可在第二张幻灯片中插入这两张图片。

图 3-3-14 "插入图片"对话框

2．调整图片大小和位置

用鼠标拖曳图片四个顶点的方式可以等比例地调整图片大小，再将其拖曳到合适的位置，效果如图 3-3-15 所示。

图 3-3-15 幻灯片中插入图片效果图

3．设置图片格式

PowerPoint 2010 提供了丰富的图片格式设置工具。选中要设置的图片，利用"图片工具—格式"选项卡可以对图片进行各种美化操作，如删除图片背景、设置图片艺术效果、调整图片颜色、调整图片亮度和对比度、为图片套用系统内置的图片样式等。

按住"Ctrl"键或"Shift"键，同时选中第三张幻灯片中的两张图片，在"图片工具—格式"选项卡中的图片样式列表中选择"映像圆角矩形"样式，即可设置图片样式，如图3-3-16所示。

图3-3-16　设置图片样式

4．将第三张幻灯片中的内容文本分成两部分，即用两个文本框显示

操作如下：将内容文本的后两行选中后，用快捷键"Ctrl + X"进行剪切，在页面空白处单击鼠标右键，在弹出的快捷菜单中选择"粘贴"。此时，新出现一个文本框，其右下角有粘贴选项图标，单击该图标，在弹出的菜单中选择"保留源格式"按钮。然后将该文本框置于页面右下部分，如图3-3-17所示。

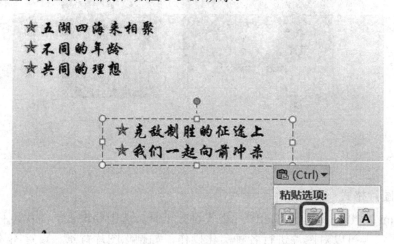

图3-3-17　设置粘贴选项

5．编辑第四张幻灯片

按照以上步骤给第四张幻灯片插入"图片 3.jpg"和"图片 4.jpg"，并调整大小、位置，然后设置两张图片的样式为"透视右映像"，如图 3-3-18 所示。

图 3-3-18　第四张幻灯片效果图

注意：两幅图片有压盖现象时，可以用鼠标右键单击图片，在弹出的快捷菜单中选择"置于顶层"、"置于底层"、"上移一层"或"下移一层"命令调整其叠放顺序。

6．调整第五张幻灯片内容文本为竖排文本

选中第五张幻灯片的内容文本，右键单击文本框边框，在快捷菜单中选择"设置形状格式"命令，在弹出的对话框中，设置文本框"水平对齐方式"为"左对齐"，"文字方向"为"堆积"，"行顺序"为"从左向右"，如图 3-3-19 所示。

图 3-3-19　调整文本框设置

给该页幻灯片插入"图片 5.jpg",调整图片大小、位置,设置图片格式。效果如图 3-3-20 所示。

图 3-3-20   第五张幻灯片效果图

四、绘制图形

1. 绘制图形并填充图片

在第六张幻灯片中,绘制一个椭圆形和一个圆角矩形,并在图形中设置填充图片,如图 3-3-21 所示。

图 3-3-21   第六张幻灯片添加图形效果图

操作如下:

1) 插入形状

在"插入"选项卡中选择"插图"组中的形状命令按钮,在列表中选择"基本形状"→椭圆，鼠标变成十字形状，在第六张幻灯片中按下鼠标左键并拖曳绘制椭圆，如图 3-3-22 所示。按照同样方法绘制圆角矩形。

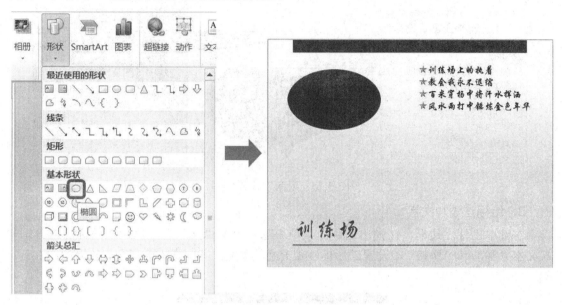

图 3-3-22　绘制"椭圆"形状

2) 设置形状的填充效果

双击椭圆，在"格式"选项卡的形状样式组中单击"形状填充"按钮，出现填充效果列表，在其中选择"图片"填充，如图 3-3-23 所示。在弹出的"插入图片"对话框中选择"图片 7.jpg"。

按照同样的方法，给圆角矩形填充"图片 6.jpg"。幻灯片效果如图 3-3-24 所示。

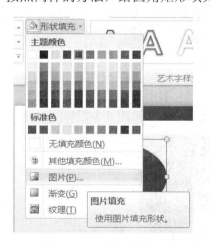

图 3-3-23　"形状填充"对话框

图 3-3-24　形状填充图片效果

2．给椭圆形添加云形标注

在"插入"选项卡中选择"插图"组中的形状命令按钮，在列表中选择 "标注"→"云形标注"，拖住鼠标开始绘制标注，绘制完毕放开鼠标，会看到标注有一个如图 3-3-25

所示的黄色小菱形块。用鼠标拖曳菱形标志，可以调整标注指向，比如将该标注指向左边的军人。按照同样的方法再添加一个云形标注，指向图中另一军人。

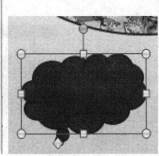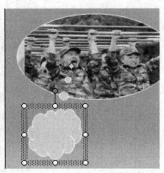

图 3-3-25　绘制"云形"标注

3．给标注添加文字

右键单击标注边框，在弹出的快捷菜单中选择"编辑文字"，然后在两标注内分别输入文本"啊"和"坚持"。设置云形标注填充色为黄色，其中文本为黑色，效果如图 3-3-26 所示。

图 3-3-26　添加标注效果

4．添加五角星图案

在首页幻灯片上绘制五角星图案，并进行填充设置，效果如图 3-3-27 所示。

图 3-3-27　添加五角星图案效果图

（1）单击"插入"选项卡→"形状"→"星与旗帜"→"五角星"，如图 3-3-28 所示。鼠标变成十字形状，在第一张幻灯片中按下鼠标左键拖曳绘制五角星，注意同时按下"Shift"键，则绘制出正五角星。

图 3-3-28　选择"五角星"形状

（2）鼠标右键单击五角星，在弹出的快捷菜单中选择"设置形状格式"，弹出"设置形状格式"对话框，单击左侧的"填充"，则对话框右侧显示填充选项，如图 3-3-29 所示。

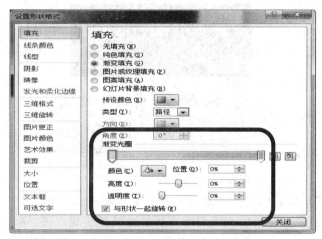

图 3-3-29　"填充"对话框

（3）选择"渐变填充"，类型为"路径"，渐变光圈设置为亮黄色，颜色设置为橙黄色，单击"关闭"按钮返回。这样一个大五角星就绘制好了，如图 3-3-30 所示。

图 3-3-30　五角星填充效果

（4）选中该五角星，复制、粘贴出另外四个五角星，并按住"Shift"键拖曳边框调整其大小，然后用鼠标拖曳方式调整其位置。并通过每个小五角星顶端的绿色"旋转柄"，调整小五角星的一个角对准大五角星的中心。

(5) 五个五角形位置调整合适之后，将五个五角星全部选中，在其上单击鼠标右键，在弹出的快捷菜单中选择"组合"→"组合"命令，将其组合成组，如图 3-3-31 所示。第一张幻灯片最终效果如图 3-3-32 所示。

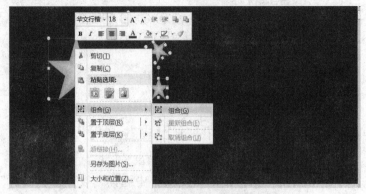

图 3-3-31　组合五角星

图 3-3-32　第一张幻灯片最终效果

(6) 在窗口左侧的"幻灯片"窗格中，鼠标右键单击第一张幻灯片，在弹出的快捷菜单中选择"复制"命令，在最后一张幻灯片后单击鼠标右键，在"粘贴选项"中选择"保留源格式"粘贴方式，即可将首页幻灯片粘贴一份到最后一页。修改标题文本为"谢谢"，删除副标题文本，如图 3-3-33 所示。

图 3-3-33　复制幻灯片

五、插入 SmartArt 图形

(1) 选中第二张幻灯片，单击"开始"选项卡→"版式"按钮右侧的倒三角，在版式列表中选择"两栏内容"版式，第二张幻灯片的版式将发生变化，如图 3-3-34 所示。

图 3-3-34　"两栏内容"版式幻灯片

(2) 单击左侧占位符中的图片图标，在弹出的对话框中选择"图片 8.jpg"，插入图片。再单击右侧占位符中的 SmartArt 图标，或选择"插入"选项卡→"SmartArt"图形，在弹出的"选择 SmartArt 图形"对话框中选择"列表"中的"垂直曲形列表"，如图 3-3-35 所示。

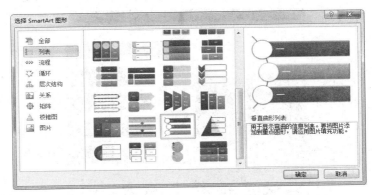

图 3-3-35　插入 SmartArt 图形对话框

(3) 在插入的图形左侧键入文字"营区"、"战友"、"宿舍"后，按回车键，在新的一行键入"训练场"，以及"画客的画"，文字共五行。键入完毕后，在页面空白处单击鼠标，幻灯片效果如图 3-3-36 所示。

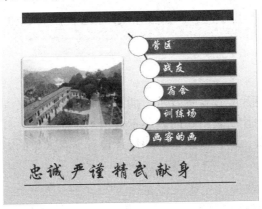

图 3-3-36　SmartArt 图形插入后的效果

(4) 单击 SmartArt 图形，在"SmartArt 工具—设计"选项卡中设置其三维样式为"优雅"，如图 3-3-37 所示。

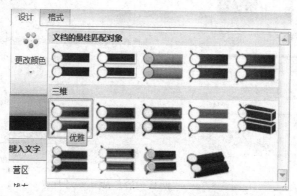

图 3-3-37　SmartArt 图形演示列表

(5) 将首页的小五角星复制粘贴到本页 SmartArt 图形中。双击图片，在"图片工具—格式"选项卡中设置图片样式。幻灯片效果如图 3-3-38 所示。

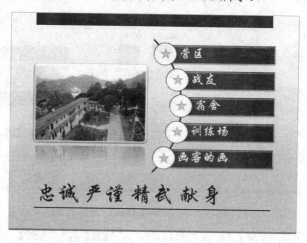

图 3-3-38　第二页幻灯片效果

任务四　制作《美丽的军营》演示文稿(二)

【学习目标】

(1) 掌握如何给幻灯片配置背景音乐、插入视频等多媒体文件。

(2) 掌握在幻灯片中使用表格和图表展示数据的方法。

(3) 掌握通过超链接、动作按钮等为幻灯片设置交互效果的方法。

【相关知识】

超链接：在本质上超链接属于网页的一部分，它是一种允许网页或站点之间进行连接的元素，是从一个页面指向另一个目标的链接关系。这个目标可以是网页，还可以是图片、一个电子邮件地址、一个文件，甚至是一个应用程序等。若在 PowerPoint 中使用了超链接或动作按钮控件，则在放映幻灯片时可以进行幻灯片和幻灯片之间、幻灯片和其他外部文件或程序之间的自由切换，从而实现演示文稿与用户之间的互动。

　　图表：以图形化的方式表示幻灯片中的数据内容，它具有较好的视觉效果，可以使数据易于阅读、评价、比较和分析。

【任务说明】

　　在上一个任务中，我们通过插入艺术字、图片及绘制自选图形、SmartArt 图形，使用设计模板、更改配色方案、修改幻灯片背景、修改模板等方法创建了图文并茂、展示军营风采的演示文稿《美丽的军营》，现继续为《美丽的军营》配置背景音乐、添加视频文件，使用超链接和动作按钮控件实现幻灯片之间的跳转。演示文稿最终结果如图 3-4-1 所示。

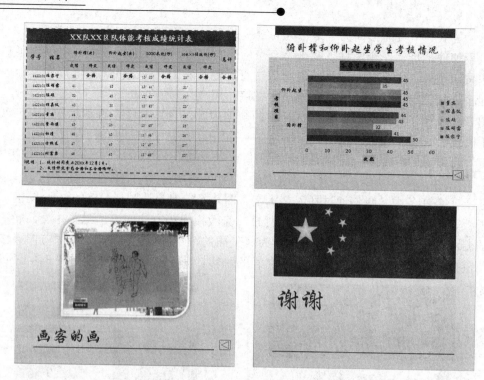

图 3-4-1 "美丽的军营"演示文稿效果

【任务实施】

一、添加影片和背景音乐

1. 添加影片

在最后一张幻灯片前新建样式为"仅标题"的幻灯片，在标题占位符中输入"画客的画"。单击该幻灯片内容占位符中的"插入视频剪辑"按钮，或者选择"插入"选项卡→"视频"按钮，弹出如图 3-4-2 所示的"插入视频文件"对话框，选择素材中的"画客的画.wmv"影片文件，单击"插入"按钮，即可插入影片。

图 3-4-2 "插入视频文件"对话框

2. 影片播放设置

选中视频，在"视频工具—播放"选项卡中可以设置影片播放属性，选择"单击时"开始播放，勾选"播完返回开头"复选框，如图 3-4-3 所示。

图 3-4-3 影片播放设置

3. 影片样式设置

选中视频，在"视频工具—设计"选项卡中可以设置视频样式，选择"圆形对角，白色"样式，如图 3-4-4 所示。

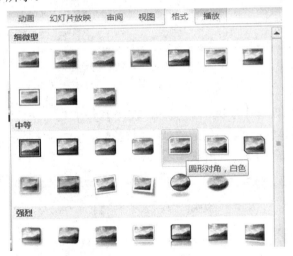

图 3-4-4 影片样式设置

4. 最终效果

在放映演示文稿时单击影片即可播放，最终效果如图 3-4-5 所示。

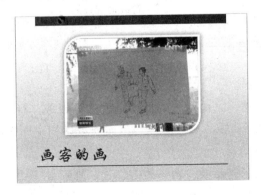

图 3-4-5 幻灯片插入影片效果

5. 给演示文稿添加背景音乐

单击第一张幻灯片，选择"插入"选项卡→"音频"按钮，弹出如图 3-4-6 所示的"插入音频"对话框，选择素材中的"美丽的军营.mp3"声音文件，单击"插入"按钮。

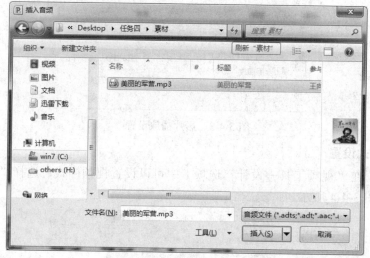

图 3-4-6 "插入音频"对话框

6. 音频播放设置

此时，页面上会出现一个小喇叭的图标，在"音频工具—播放"选项卡中可以设置影片播放属性，选择"自动"开始，勾选"放映时隐藏"、"循环播放，直到停止"复选框，如图 3-4-7 所示。然后按"F5"键放映演示文稿。

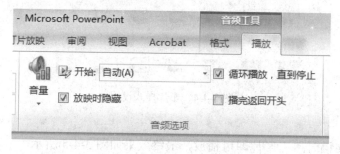

图 3-4-7 音频播放设置

二、使用表格和图表展示数据

1. 在幻灯片中应用表格

表格主要用来组织数据，它由水平的行和垂直的列组成，行与列交叉形成的方框称为单元格，我们可以在单元格中输入各种数据，从而使数据和事例更加清晰，便于读者理解。

1）插入表格并输入内容

使用网格插入表格：选择要插入表格的幻灯片，然后单击"插入"选项卡"表格"组中的"表格"按钮，在展开列表显示的小方格中移动鼠标，当列表左上角显示所需的行、列数后单击鼠标,即可在幻灯片中插入一个带主题格式的表格。该方法最大能创建 8 行 10 列的表格,其中小方格代表创建的表格的行、列数。新建第七张空白幻灯片并插入 4 行 8 列表格的效果图如图 3-4-8 所示。

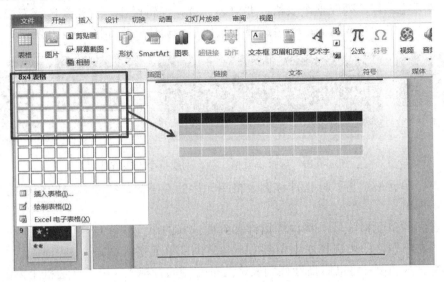

图 3-4-8 使用网格插入表格

使用"插入表格"对话框插入表格:选择要插入表格的幻灯片,然后单击"插入"选项卡"表格"组中的"表格"按钮,在展开的列表中选择"插入表格"选项,或单击内容占位符中的"插入表格"图标,打开"插入表格"对话框,设置列数和行数,单击"确定"按钮,然后在表格中输入文本即可。

如图 3-4-9 所示,利用"插入表格"对话框插入 11 列 13 行的表格,并输入文本。

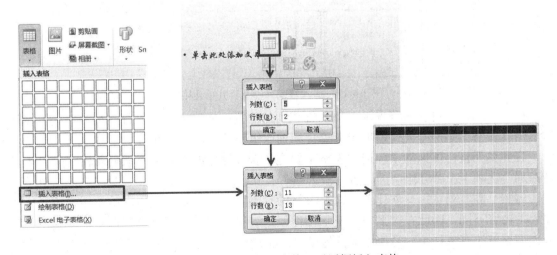

图 3-4-9 使用"插入表格"对话框插入表格

可按键盘上的方向键"→"、"←"、"↑"、"↓"和"Tab"键切换到其他单元格中,然后输入文本。

2) 编辑表格

表格创建好后，接下来我们可对表格进行适当的编辑操作。如合并相关单元格以制作表头，在表格中插入行或列，以及调整表格的行高和列宽等。

选择单元格、行、列或整个表格：要对表格进行编辑操作，首先要选择表格中要操作的对象，如单元格、行或列等，常用选择方法如下，具体操作如图3-4-10所示。

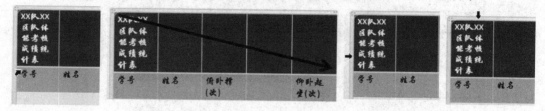

图 3-4-10　选择单元格、行、列或整个表格方法

选择单个单元格：将鼠标指针移到表格单元格的左下角，待鼠标指针变成向右的黑色箭头时单击即可。

选择连续的单元格区域：将鼠标指针移到要选择的单元格区域左上角，拖动鼠标到要选择区域的右下角，即可选择左上角到右下角之间的单元格区域。

选择整行和整列：将鼠标指针移到表格边框左侧的行标上，或表格边框上方的列标上，当鼠标指针变成向右或向下的黑色箭头形状时，单击鼠标即可选择中该行或该列。若向相应的方向拖动，则可选择多行或多列。

选择整个表格：将插入符置于表格的任意单元格中，然后按"Ctrl + A"组合键。

如果插入的表格的行列数不够使用，我们可以直接在需要插入内容的行或列的位置增加行或列。如果要将表格中的相关单元格进行合并操作，可以直接合并单元格，如图3-4-11所示。

图 3-4-11　插入行或列以及合并单元格

插入行或列：将插入符置于要插入行或列的位置，或选中要插入行或列的单元格，然后单击"表格工具—布局"选项卡上"行和列"组中的相应按钮即可。

合并单元格：可拖动鼠标选中表格中要进行合并操作的单元格，然后单击"表格工具—布局"选项卡上合并组中的"合并单元格"按钮。

调整行高、列宽：在创建表格时，表格的行高和列宽都是默认值，由于在各单元格中输入的内容不同，因此在大多数情况下都需要对表格的行高和列宽进行调整，使其符合要求。调整方法有两种，一是使用鼠标拖动，二是通过"单元格大小"组精确调整。

使用鼠标拖动方法：如图3-4-12所示，将鼠标指针移到要调整行的下边框线上或调整列的列边框线上，此时鼠标指针变成上下或左右双向箭头形状，按住鼠标左键上下或左右拖动，到合适位置后释放鼠标，即可调整该行行高或该列列宽。

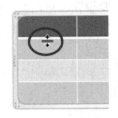
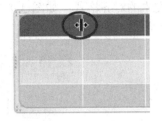

图 3-4-12 使用鼠标拖动调整行高、列宽

精确调整行高或列宽：如图 3-4-13 所示，选中行或列后，在"表格工具—布局"选项卡上"单元格大小"组中的"高度"或"宽度"编辑框中输入数值即可。

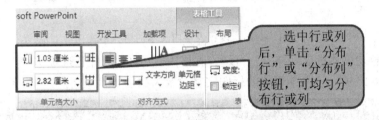

图 3-4-13 精确调整行高或列宽

要调整整个表格的大小，可选中表格后将鼠标指针移到表格四周的控制点上(共有 8 个)，待鼠标指针变成双向箭头形状时按住鼠标左键并拖动即可。或者，也可直接在"表格工具—布局"选项卡上"表格尺寸"组的"高度"和"宽度"编辑框中输入数值，如图 3-4-14 所示。

图 3-4-14 调整整个表格大小

表格是作为一个整体插入到幻灯片中的，其外部有虚线框和一些控制点。拖动这些控制点可调整表格的大小，如同调整图片、形状和艺术字一样。

移动表格：如图 3-4-15 所示，若要移动表格在幻灯片中的位置，可将鼠标指针移到除表格控制点外的边框线上，待鼠标指针变成十字箭头形状后，按住鼠标左键并拖到合适位置即可。

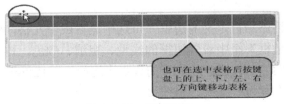

图 3-4-15 移动表格

设置表格内文本的对齐格式：如图 3-4-16 所示，要设置表格内文本的对齐方式，可选中要调整的单元格后单击"表格工具—布局"选项卡上"对齐方式"组中的相应按钮即可。

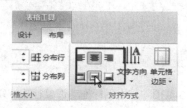

、 和 按钮：分别用于设置文本在水平方向上与单元格的左侧、右侧和居中对齐。

、 和 按钮：分别用于设置文本在垂直方向上与单元格的中间、顶端和底端对齐。

图 3-4-16　设置表格内文本的对齐格式

要设置表格内文本的字符格式，可选中表格内容后在"开始"选项卡的"字体"组中进行设置。如图 3-4-17 所示，为该表格的标题文字设置为：字体"华文楷体"，字号"28"，加粗。

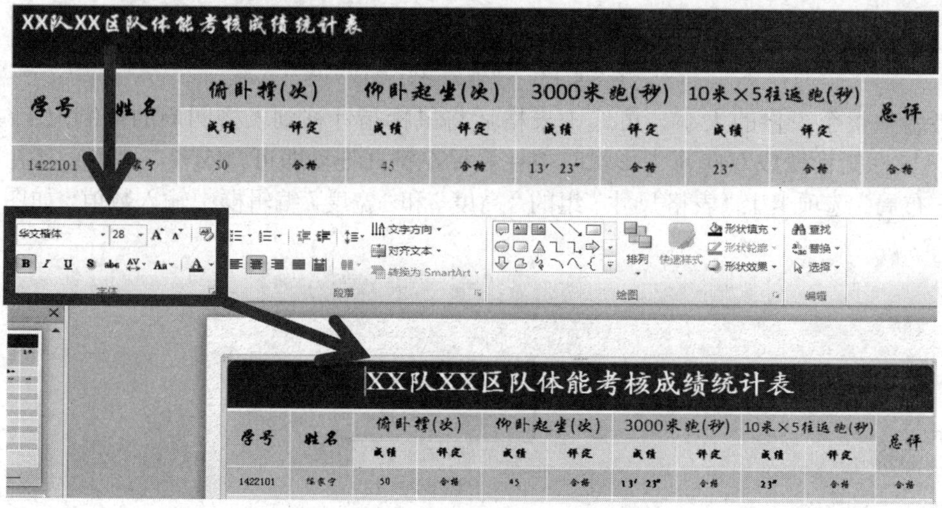

图 3-4-17　设置表格内文本的字符格式

3) 美化表格

对表格进行编辑操作后，还可以对其进行美化操作，如设置表格样式，为表格添加边框和底纹等。

如图 3-4-18 所示，要对表格套用系统内置的样式，可将插入符置于表格的任意单元格，然后单击"表格工具—设计"选项卡上"表格样式"组中的"其他"按钮，在展开的列表中选择一种样式即可。

要为表格或单元格添加自定义的边框，可选中表格或单元格，然后在"表格工具—设计"选项卡上"绘图边框"组中设置边框的线型、粗细、颜色，再单击"表格样式"组中的"边框"按钮右侧的三角按钮，在展开的列表中选择一种边框类型。

表格外侧边框线设置为：虚线，粗细 3.0 磅，红色。表格内侧边框线设置为：实线，粗细 1.0 磅，灰色。效果如图 3-4-19 所示。

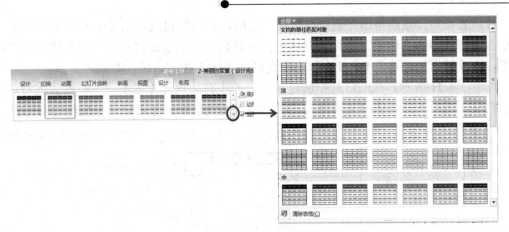

图 3-4-18 选择表格样式

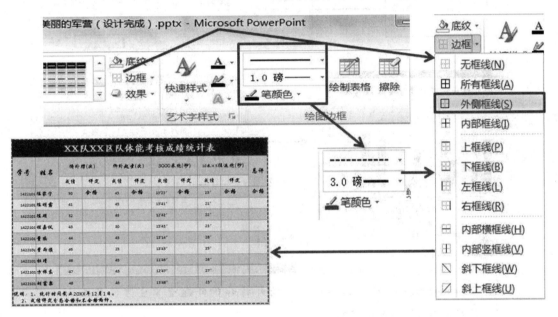

图 3-4-19 为表格或单元格添加自定义的边框

要为表格或单元格添加底纹，如图 3-4-20 所示，可选中表格或单元格后单击"表格样式"组中的"底纹"按钮右侧的三角按钮，在展开的列表中选择一种底纹颜色即可。

2. 在幻灯片中插入图表

要在幻灯片中插入图表，首先要有创建图表的数据，选择要插入图表的幻灯片，然后单击内容占位符中的"插入图表"图标，或单击"插入"选项卡上"插图"组中的"图表"按钮，打开"插入图表"对话框，对话框左侧为图表的分类，选择"柱形图"分类，此时在对话框右侧的列表框中列出了该分类下的不同样式的图表，选

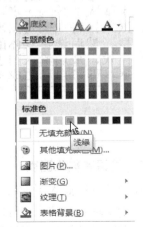

图 3-4-20 为表格或单元格添加底纹

择一种图表类型，然后单击"确定"按钮。此时，系统将自动调用 Excel 2010 并打开一个预设有表格内容的工作表，并且依据这套样本数据，在当前幻灯片中自动生成了一个柱形图表，修改数据后，单击 Excel 窗口右上角的"关闭"按钮，关闭数据表窗口。

如图 3-4-21 所示，在幻灯片中创建新图表的步骤大致分为三步，先根据数据特点确定图表类型，然后选择具体的图表样式，最后输入图表数据，即可自动生成相应的图表。

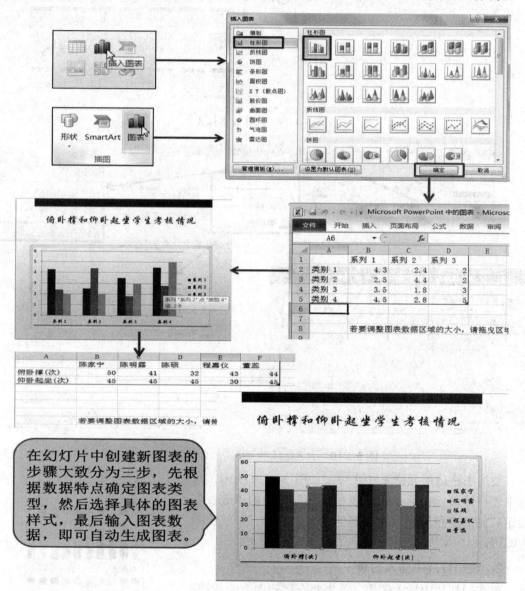

图 3-4-21　插入图表过程图

3. 编辑和美化图表

在幻灯片中插入图表后，我们可以利用"图表工具"选项卡的"设计"、"布局"和"格式"三个子选项对图表进行编辑和美化操作，如编辑图表数据、更改图表类型、调整图表布局、对图表各组成元素进行格式设置等。

1）编辑图表

要对图表进行编辑操作，如编辑表格数据、更改图表类型、快速调整图表布局等，可在"图表工具—设计"选项卡中进行。

要更改图表类型，可单击图表以将其激活，然后将鼠标指针移到图表的空白处，待显示"图表区"提示时单击以选中整个图表，单击"图表工具—设计"选项卡上"类型"组中的"更改图表类型"按钮，然后在打开的"更改图表类型"对话框中选择一种图表类型即可。操作过程如图 3-4-22 所示。

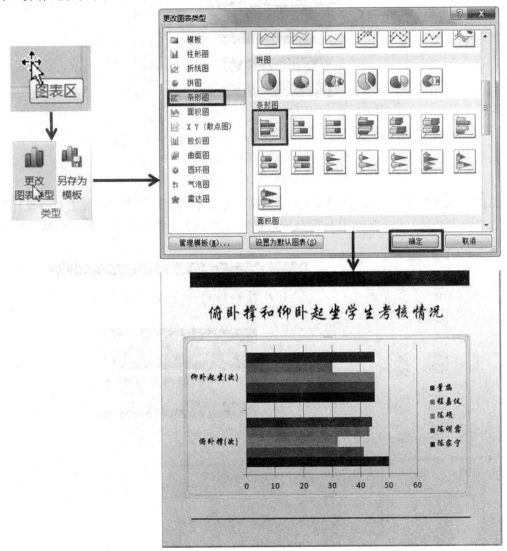

图 3-4-22　更改图表类型

要对图表数据进行编辑，可选中图表后单击"图表工具—设计"选项卡上"数据"组中的"编辑数据"按钮，此时将启动 Excel 2010 并打开图表的源数据表，对数据表中的数据进行编辑修改。操作完毕之后，关闭数据表回到幻灯片中，如图 3-4-23 所示，可看到编辑数据后的图表效果。

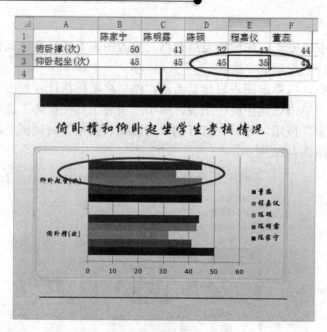

图 3-4-23　编辑图表数据

如图 3-4-24 所示，要快速调整图表的布局，可选中图表后单击"图表工具—设计"选项卡上"图表布局"组中的"其他"按钮，在展开的列表中重新选择一种布局样式。

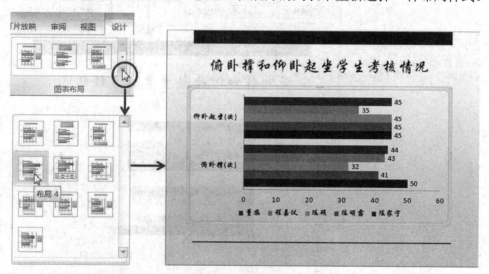

图 3-4-24　快速调整图表的布局

2）自定义图表布局

创建图表后，我们还可以根据需要利用"图表工具—布局"选项卡中的工具自定义图表布局，如为图表添加或修改图表标题、坐标轴标题和数据标签等，方便读者理解图表。

为图表添加图表标题：选中图表，然后单击"图表工具—布局"选项卡上"标签"组中的"图表标题"按钮，在展开的列表中选择一种标题的放置位置，然后输入图表标题。如图 3-4-25 所示，图表标题输入"各学生考核情况表"。

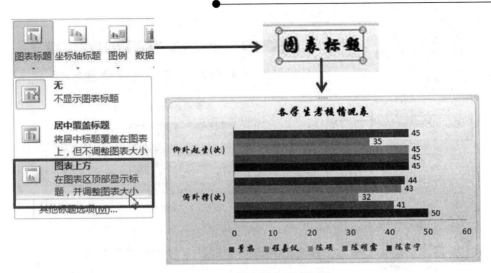

图 3-4-25　为图表添加图表标题

为图表添加坐标轴标题：单击"标签"组中的"坐标轴标题"按钮，在展开的列表中分别选择"主要横坐轴标题"和"主要纵坐标轴标题"项，然后在展开的列表中选择标题的放置位置并输入标题即可。如图 3-4-26 所示，横坐标标题为"次数"，纵坐标标题为"考核项目"。

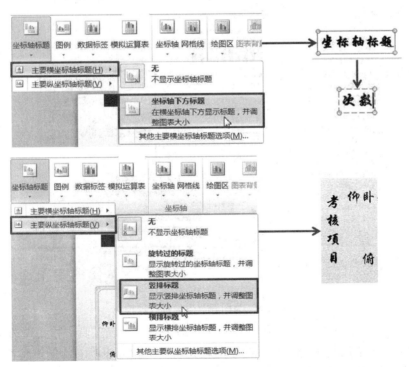

图 3-4-26　为图表添加坐标轴标题

改变图例位置：单击"标签"组中的"图例"按钮，在展开的列表中选择一个选项，可改变图例的放置位置。如图 3-4-27 所示，改变图例位置为"在右侧显示图例"。

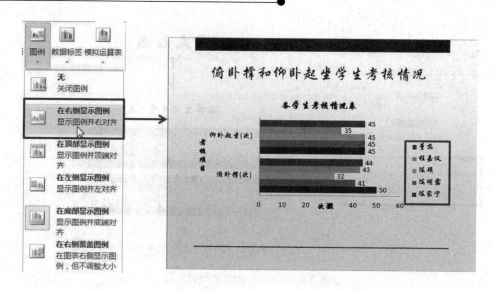

图 3-4-27 改变图例位置

3) 美化图表

我们还可以利用"图表工具—格式"选项卡对图表进行美化操作,如设置图表区、绘图区、图表背景、坐标轴的格式等,从而美化图表。设置效果如图 3-4-28 所示。

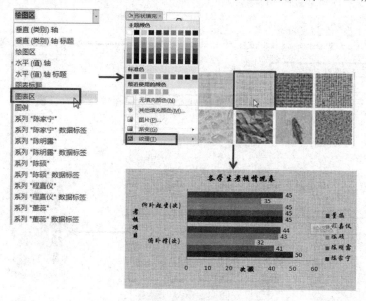

图 3-4-28 为图表背景设置纹理填充

设置图表区格式:单击图表以将其激活,然后单击"图表工具—格式"选项卡(或"布局"选项卡)上"当前所选内容"组中的"图表元素"下拉列表框右侧的三角按钮,在展开的列表中选择要设置的图表对象"图表区",然后单击"形状样式"组中的"形状填充"按钮右侧的三角按钮,在展开的列表中选择一种填充类型。

用同样的方法可设置绘图区的格式,以及设置图表标题、图例和坐标轴标题的填充颜色。幻灯片设置效果如图 3-4-29 所示。

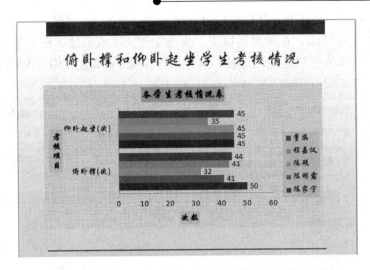

图 3-4-29 设置图表标题、图例和坐标轴标题的填充颜色

三、插入超链接和动作按钮

1. 在幻灯片中设置超链接

大家对互联网上的超链接应该非常熟悉，当鼠标指针指向网页上的超链接标志时，指针会变成手的形状，单击鼠标，就可以打开另一个网页。在幻灯片中也可以设置超链接，使用超链接可以创建一个具有交互功能的演示文稿。可以根据需要按屏幕提示通过"单击鼠标"或"鼠标移过"动作按钮、文本、图片、自选图形等对象，有选择地跳转到某张幻灯片、其他演示文稿、其他类型的文件、启动某一程序，甚至是网络中的某个网站。

本例中，我们为第二张幻灯片 SmartArt 图形中的文本创建超链接以便跳转到相应的幻灯片。

(1) 在普通视图模式下，单击第二张幻灯片的缩略图，使其成为当前幻灯片。

(2) 选中"营区"这两个字，如图 3-4-30 所示。

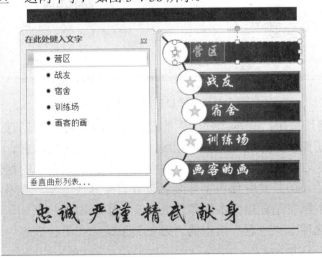

图 3-4-30 选中要添加超链接的文本

(3) 单击"插入"选项卡"链接"组中"插入超链接"按钮，打开"插入超链接"对话框，如图 3-4-31 所示。在该对话框中，为选定的文本或图片、图形等设置超链接，可以将它链接到演示文稿中的其他幻灯片、其他演示文稿、Word 文档或 Web 页。

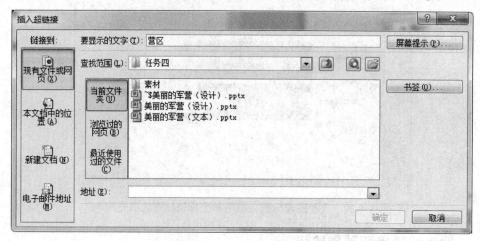

图 3-4-31 "插入超链接"对话框

(4) 在该对话框中，单击"链接到"选项区中的"本文档中的位置"，在"请选择文档中的位置"列表中，单击要链接到的幻灯片"3.营区"，对话框右侧的"幻灯片预览"区中会显示要链接到的幻灯片缩略图。如图 3-4-32 所示。

图 3-4-32 选择链接到的幻灯片

(5) 单击"确定"按钮，文本"营区"的超链接就设置好了。幻灯片上的"营区"这几个字的颜色发生了变化，并且加上了下划线，这就是超链接的标志。

(6) 修改超链接文本颜色。由于演示文稿应用了主题，主题中的默认超链接字体的颜色可能不是非常合适，但是此时使用字体颜色设置直接修改文本，并不能改变文本颜色。这时可以通过修改主题中超链接文本的颜色来修改，步骤如下。

单击"设计"选项卡"主题"组中的"颜色"按钮，在下拉列表中选择"新建主题颜色"命令，如图 3-4-33 所示。

图 3-4-33　新建主题颜色

在弹出的"新建主题颜色"对话框中，单击"超链接"右侧的颜色按钮，在列表中选择合适的颜色。这里，我们选择"白色，文字 1"，在"名称"框中输入"自定义超链接"，也可以适当调整强调文字和已访问的超链接的颜色，设置完成后，单击"保存"按钮，如图 3-4-34 所示。

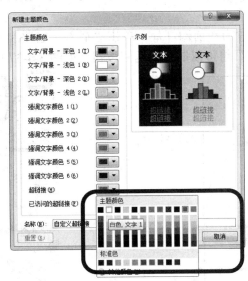

图 3-4-34　设置超链接颜色

选中第二张幻灯片列表中其他文本设置相应的超链接，分别链接到"战友"、"宿舍"、"训练场"幻灯片。

小知识：

(1) 如果要链接到互联网或军网该如何设置？

可以在"插入超链接"对话框中，单击"链接到"选项区中的"原有文件或网页"，然后在"地址"栏中输入相应的网址(如：http://www.xty.mtn)即可，如图 3-4-35 所示。如果你的计算机已连接互联网或军综网，则在播放幻灯片时单击该文本会打开相应的网页。

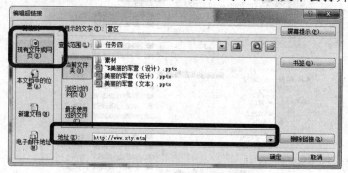

图 3-4-35　编辑超链接地址

(2) 对已有的超链接不满意，需要重新编辑或删除超链接该如何操作呢？

用鼠标右键单击已设置了超链接的文本或对象，在弹出的快捷菜单中，选择"编辑超链接"可以重新编辑超链接，选择"取消超链接"可取消超链接，如图 3-4-36 所示。

2．在幻灯片中设置动作按钮

PowerPoint 带有一些制作好的动作按钮，可以将动作按钮插入到幻灯片中并为其定义超链接。动作按钮包括一些形状，例如：左箭头、右箭头。可以使用这些常用的容易理解的符号转到下一张、上一张、第一张和最后一张幻灯片。我们在第 3～7 的每一张幻灯片中设置一个动作按钮，使得播放这张幻灯片时，单击这个动作按钮就可以返回到第二张摘要幻灯片。

(1) 选择第三张幻灯片为当前幻灯片。单击"插入"选项卡"形状"命令，弹出形状列表，其中的"动作按钮"组可以制作为返回按钮，如图 3-4-37 所示。

图 3-4-36　编辑"超链接"命令

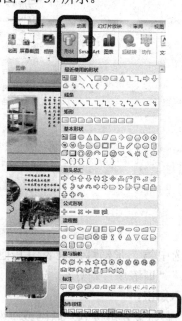

图 3-4-37　插入"动作按钮"

(2) 单击动作按钮列表上的"上一张"按钮⊡，将鼠标指针移至幻灯片中的适当位置，指针变成十字形状，按住左键拖动鼠标，幻灯片上出现了一个按钮，当按钮大小合适时松开鼠标左键，绘制动作按钮的操作就完成了，弹出"动作设置"对话框，如图 3-4-38 所示。

图 3-4-38　"动作设置"对话框

(3) 在"动作设置"对话框的"单击鼠标"选项卡中，"超链接到"下拉列表中默认该动作按钮的功能是链接到上一张幻灯片。单击"超链接到"下拉列表右端的 ⊡，在弹出的列表中选择"幻灯片…"，打开"超链接到幻灯片"对话框，如图 3-4-39 所示。

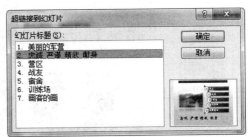

图 3-4-39　设置动作按钮超链接到相应幻灯片

(4) 在"超链接到幻灯片"对话框的"幻灯片标题"列表中单击要链接到的幻灯片标题，单击标号为"2"的幻灯片，再单击"确定"按钮，完成对动作按钮的超链接设置，返回到幻灯片编辑状态。

新插入的动作按钮⊡四周有 8 个尺寸控制点，可用鼠标拖动的方式来调整它的位置和大小，也可以右键单击它，在弹出的快捷菜单中选择"设置形状格式"命令，设置填充颜色等属性，如图 3-4-40 所示。

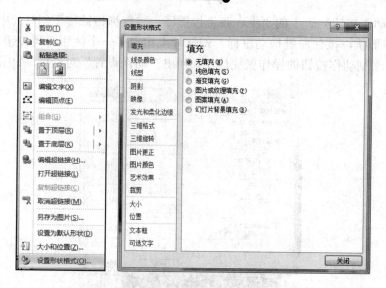

图 3-4-40 "设置形状格式"命令及对话框

(5) 播放该演示文稿，当播放到第二张幻灯片时，单击"营区"超链接，就会播放第三张幻灯片。当播放第三张幻灯片时，用鼠标单击 ◁ 按钮，就会返回第二张幻灯片。

按照同样的方法，给第 4～7 张幻灯片添加动作按钮，均返回第二张幻灯片。

【课堂练习】

利用本书给出的素材或者上网搜索素材制作《小故事，大道理》幻灯片，如图 3-4-41 所示。

图 3-4-41 《小故事，大道理》幻灯片样图

(1) 根据"平衡"主题创建演示文稿。

(2) 给第一张幻灯片插入艺术字"小故事　大道理",不限格式。

(3) 插入三张新幻灯片,并输入相关文本。其中第二张幻灯片中需插入横排文本框,以便输入文本,并将其调整至合适位置。

(4) 最后插入一张"标题幻灯片",输入"谢谢!"。

(5) 第二张幻灯片中的"老虎"图片和第三张幻灯片中的"哭脸"图片为剪贴画,第三张的跑步图片为素材中的"run.jpg"。

(6) 第二张幻灯片中插入老虎叫声"tiger.wmv",并设置自动播放。

(7) 给幻灯片插入编号。

(8) 保存文件为 E:\学号姓名文件夹\小故事大道理.pptx。

任务五　为《那些年,我们在部队的日子》演示文稿设计模板

【学习目标】

(1) 掌握应用幻灯片母版、讲义母版和备注母版的方法。

(2) 掌握编辑和应用幻灯片母版的方法。

【相关知识】

母版视图:包括幻灯片母版视图、讲义母版视图和备注母版视图。它们是存储有关演示文稿信息的主要幻灯片,其中包括背景、颜色、字体、效果、占位符大小和位置。使用母版视图的一个主要优点在于,在幻灯片母版、备注母版或讲义母版上,可以对与演示文稿关联的每个幻灯片、备注页或讲义的样式进行全局更改。

幻灯片母版:是一种特殊的幻灯片,利用它可以统一设置演示文稿中的所有幻灯片,或指定幻灯片的内容格式(如占位符中文本的格式),以及需要统一在这些幻灯片中显示的内容,如图片、图形、文本或幻灯片背景等。

【任务说明】

为《那些年,我们在部队的日子》演示文稿编辑母版,设计主题模板,为不同版式的幻灯片设计不同的背景及文字模板。

【任务实施】

一、认识幻灯片母版

1. 应用幻灯片母版

单击"视图"选项卡"母版视图"组中的"幻灯片母版"按钮,进入幻灯片母版视图,此时将显示"幻灯片母版"选项卡。

默认情况下,幻灯片母版视图左侧任务窗格中的第一个母版(比其他母版稍大)称为"幻灯片母版",在其中进行的设置将应用于当前演示文稿中的所有幻灯片;其下方为该母版的版式母版(子母版),如"标题幻灯片"、"标题和内容"(将鼠标指针移至母版上方,将显示母版名称,以及其应用于演示文稿的哪些幻灯片)等。在某个版式母版中进行的设置将应用于使用了对应版式的幻灯片中。用户可根据需要选择相应的母版进行设置,如图3-5-1所示。

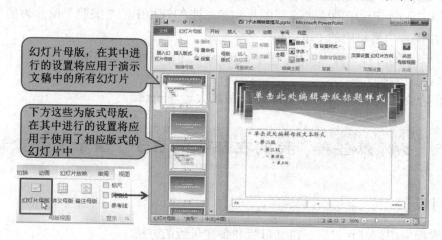

图 3-5-1 幻灯片母版视图

进入幻灯片母版视图后,可在幻灯片左侧窗格中单击选择要设置的母版,然后在右侧窗格利用"开始"、"插入"等选项卡设置占位符的文本格式,或者插入图片、绘制图形并设置格式,还可利用"幻灯片母版"选项卡设置母版的主题和背景,以及插入占位符等,所进行的设置将应用于对应的幻灯片中,如图3-5-2所示。

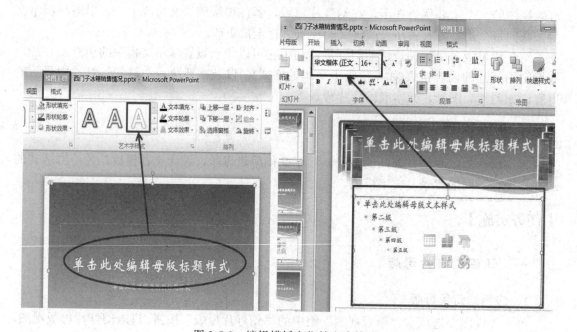

图 3-5-2 编辑模板占位符文本格式

2．应用讲义和备注母版

单击"视图"选项卡"母版视图"组中的"讲义母版"或"备注母版"按钮，可进入讲义母版或备注母版视图，如图 3-5-3 所示。这两个视图主要用来统一设置演示文稿的讲义和备注的页眉、页脚、页码、背景和页面方向等，这些设置大多数与打印幻灯片讲义和备注页相关，我们将在任务六中具体学习打印幻灯片讲义和备注的方法。

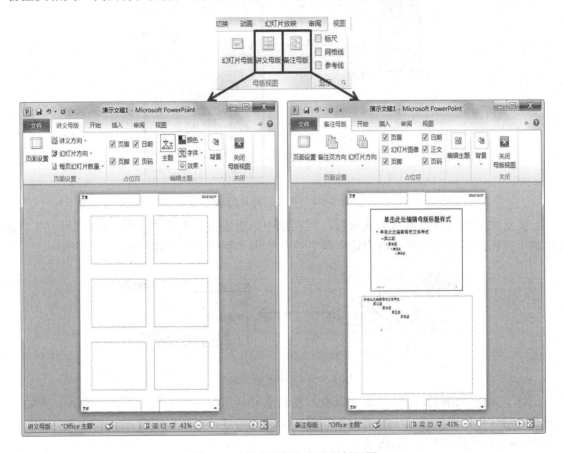

图 3-5-3　讲义母版和备注母版视图

二、编辑幻灯片母版

进入幻灯片母版视图后，用户还可根据需要插入、重命名和删除幻灯片母版和版式母版，以及设置需要在母版中显示的占位符等。在新建了幻灯片母版或版式母版后，可将其应用于演示文稿指定的幻灯片中。

要插入幻灯片母版，可在"幻灯片母版"选项卡的"编辑母版"组中单击"插入幻灯片母版"按钮，即能在当前幻灯片母版之后插入一个幻灯片母版，以及附属于它的各版式母版。

要插入版式母版，可先选中要在其后插入版式母版的母版，然后单击"编辑母版"组中的"插入版式"按钮，如图 3-5-4 所示。

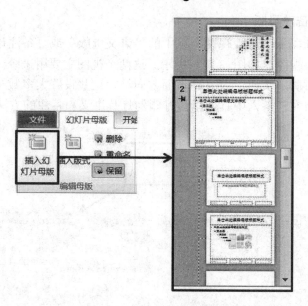

图 3-5-4　插入幻灯片母版

　　要重命名幻灯片母版或版式母版，可在选中该母版后，单击"编辑母版"组中的"重命名"按钮，在弹出的对话框中输入新名称，单击"重命名"按钮，如图 3-5-5 所示。

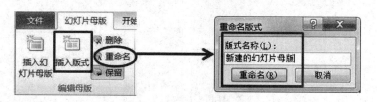

图 3-5-5　重命名版式名称

　　对于新建的幻灯片母版和版式母版，我们也可利用各选项卡为它们设置格式。例如，利用"幻灯片母版"选项卡的"背景"组为新建的幻灯片母版设置背景，此时其包含的各版式母版将自动应用设置的格式。

　　设置好新建的幻灯片母版和版式母版后，关闭母版视图。此时，若要为幻灯片应用新建的幻灯片母版，可打开"设计"选项卡的"主题"列表，右键单击新建的幻灯片母版，从弹出的快捷菜单中选择应用范围即可，如图 3-5-6 所示。

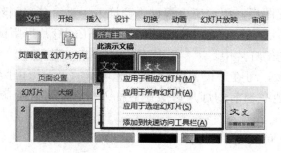

图 3-5-6　应用新建母版

要为幻灯片应用新建的版式母版，可选择要应用的幻灯片，然后单击"开始"选项卡"幻灯片"组中的"版式"按钮，从弹出的列表中进行选择。此外，也可直接利用该版式新建幻灯片。

三、创意设计主题模板

(1) 打开任务五文件夹中的演示文稿"那些年，我们在部队的日子文本.pptx"。

(2) 单击"视图"选项卡中的"幻灯片母版视图"，切换到幻灯片母版视图，如图3-5-7所示。

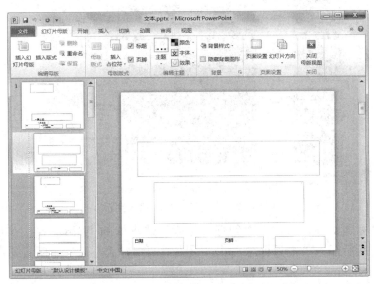

图 3-5-7　幻灯片母版视图

(3) 由于本演示文稿的各版式幻灯片背景图一致，因此可在幻灯片母版视图下，右键单击第一张母版幻灯片，在快捷菜单中选择"设置背景格式"命令。打开如图 3-5-8 所示的对话框。

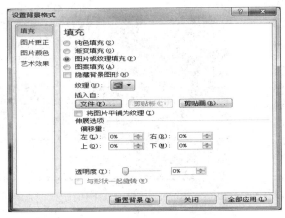

图 3-5-8　设置母版背景图片

(4) 在"设置背景格式"对话框中，选择"图片或纹理填充"单选按钮，从"素材"

文件夹中找到图片文件"背景.jpg",并单击"全部应用",将背景图应用于所有版式。

  (5) 执行"插入"选项卡下"图片"命令,将"素材"文件夹中的图片文件"士兵标志.png"插入第一张母版幻灯片,调整好大小后置于幻灯片的右上角。此时,所有版式幻灯片都将含有该图,如图3-5-9所示。

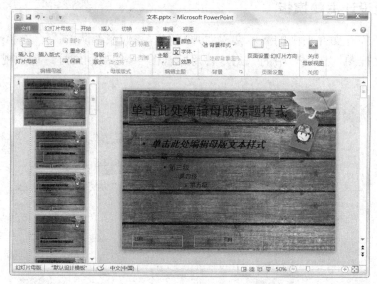

图3-5-9 为幻灯片母版插入图标

  (6) 选择"标题幻灯片",在"幻灯片母版"选项卡的"背景"组中勾选"隐藏背景图形"复选框,然后插入"士兵标志.png"图片,调整好大小后置于版式幻灯片的左上角,如图3-5-10所示。

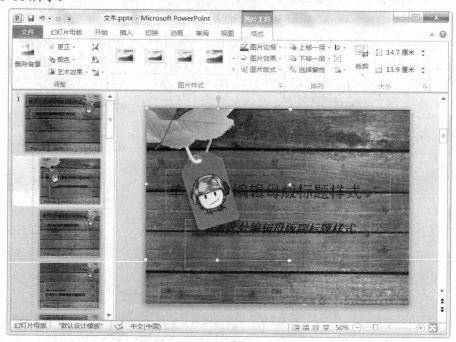

图3-5-10 编辑"标题"版式中的图片元素

（7）选择"标题幻灯片"版式，调整标题占位符和副标题占位符的位置，设置标题、副标题文本格式为"华文行楷"、文本颜色为白色并加阴影，如图 3-5-11 所示。

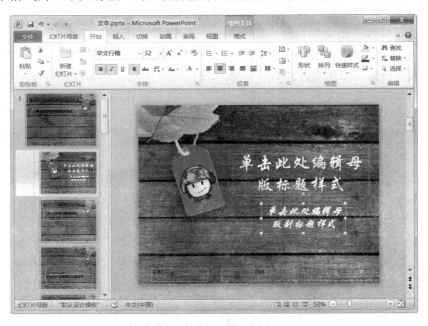

图 3-5-11 编辑"标题"版式中的文本格式

（8）选择"标题和内容"版式，调整标题占位符和副标题占位符的位置，设置标题、内容文本格式为黑体、加粗、倾斜、左对齐，文本颜色为白色并加阴影，如图 3-5-12 所示。

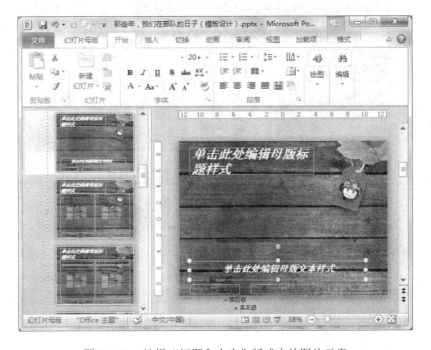

图 3-5-12 编辑"标题和内容"版式中的图片元素

四、插入新幻灯片，并为各幻灯片应用相应版式

(1) 关闭"幻灯片母版"视图，回到"普通视图"。

(2) 在"幻灯片"缩略图窗格中选中第一张幻灯片，按回车键插入一张新幻灯片，选中最后一张幻灯片，连续回车插入新幻灯片，直到最后一张幻灯片的序号为"10"。

(3) 右键单击第一张幻灯片，在"版式"快捷菜单中选择"标题幻灯片"版式。

(4) 用同样的方法，为第"2"、"10"张幻灯片设置版式为"标题幻灯片"，为第3～9张幻灯片设置版式为"标题和内容"。

(5) 为第二张幻灯片插入文本框，设置不同的字体样式，并绘制直线线条，效果如图3-5-13所示。

图 3-5-13　第二张幻灯片效果图

(6) 为每张幻灯片插入相应的素材图片，并设置图片样式。效果如图 3-5-14 所示。

图 3-5-14　演示文稿效果图

【课堂练习】

尝试自己设计一个美观的演示文稿模板。

任务六　为《那些年，我们在部队的日子》演示文稿设置动画

【学习目标】

(1) 掌握如何设置幻灯片的动画效果和切换效果。
(2) 区别"进入"、"强调"、"退出"、"动作路径"等动画效果的应用。

【相关知识】

动画效果：给文本或对象添加特殊视觉或声音效果。可以将 Microsoft PowerPoint 2010 演示文稿中的文本、图片、形状、表格、SmartArt 图形和其他对象制作成动画，赋予它们进入、退出、大小或颜色变化甚至移动等视觉效果。

自定义动画可以让标题、正文和其他对象以各自不同的方式展示出来，使制作的幻灯片具有丰富的动态感，从而使演示文稿变得生动而形象。

【任务说明】

在幻灯片中，可以给文字或图片加上动画效果。通过 PowerPoint 的动画功能，可以任意调整文字或图片等对象出现的先后顺序以及出现方式等。使用超链接和动作按钮可以创建一个具有交互功能的演示文稿，可以链接到演示文稿中的其他页面，或其他演示文稿、其他类型的文件，甚至是网络中的某个网站。这样，按照自己的风格和思路设计出的幻灯片将变得更加与众不同。

【任务实施】

一、为《那些年，我们在部队的日子》演示文稿添加自定义动画

如果希望幻灯片与众不同，应按照自己的风格和思路为每张幻灯片自定义动画效果。
(1) 在普通视图模式下，单击第二张幻灯片的缩略图，使其成为当前幻灯片。
(2) 单击"动画"选项卡中的"动画窗格"按钮，打开"动画窗格"，由于我们事先没有选定幻灯片上的任何对象，因此，"动画"选项卡中的动画效果呈灰色显示，暂时无法使用。

下面为第二张幻灯片中的各元素添加动画效果，包括"6 个名词"组合文本、竖线和六行标题文本。
(3) 单击幻灯片中的"6 个名词"组合文本，选定该文本对象，如图 3-6-1 所示。此时功能区中的动画效果和"添加动画"按钮呈现可选状态，如图 3-6-2 所示。

图 3-6-1　选中要添加动画的元素

图 3-6-2　打开"动画窗格"

　(4) 在"动画"组中单击效果列表右侧的下拉按钮，可以弹出动画效果列表，如图 3-6-3 所示。可在其中直接选择需要的动画效果。

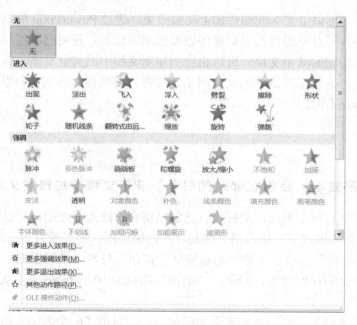

图 3-6-3　动画效果列表

　在"高级动画"组中单击"添加动画"按钮，同样会弹出动画效果列表，可在其中直接选择需要添加的动画效果。

"动画效果"列表中各选项的作用如下：

① 进入：用于设置文本或对象以何种方式出现在屏幕上。

② 强调：用于向幻灯片中的文本或对象添加特殊效果，这种效果是向观众突出显示该对象。

③ 退出：设置文本或对象以某种效果、在某一时刻(如单击鼠标或其他方式触发时)从幻灯片中消失。

④ 动作路径：可以使选定的对象按照某一条定制的路径运动而产生动画。

(5) 在这里我们单击"高级动画"组中的"添加动画"按钮，在弹出的"动画效果"列表中选择"进入"中的"弹跳"，如图 3-6-4 所示。单击选定之后，会在幻灯片中自动播放该动画效果。

图 3-6-4　添加进入动画

(6) 如果不满意列表中的进入效果，可以在"动画"组中单击效果列表右侧的下拉按钮，在列表中，选择"更多进入效果"，如图 3-6-5 所示。在"更改进入效果"对话框中选择喜欢的进入效果，比如，单击"华丽型"的"螺旋飞入"，如图 3-6-6 所示。预览其效果，若不满意，可重新调整。选择完毕后，单击"确定"按钮。

图 3-6-5　动画效果列表

图 3-6-6　"更改进入效果"对话框

此时，在动画窗格的列表中出现了编号为"1"的动画效果，如图 3-6-7 所示。该编号代表放映幻灯片时动画效果出现的先后次序。单击该动画右侧的倒三角或用鼠标右键单击该动画，会弹出"动画窗格"设置列表，如图 3-6-8 所示。

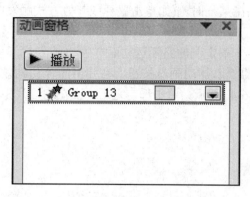

图 3-6-7　任务窗格的动画列表

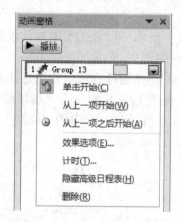

图 3-6-8　"动画窗格"设置列表

(7) 在该列表中选择"从上一项之后开始"，在幻灯片播放时，动画对象在前一事件后间隔 0 秒钟自动出现，也就是在该幻灯片放映后，不需单击鼠标，该文本对象会自动出现在屏幕上。此时，标题前的动画序号变成了"0"。

列表中三种动画触发方式的区别在于：

① "单击开始"：通过鼠标单击触发动画。

② "从上一项开始"：与上一项目同时启动动画。

③ "从上一项之后开始"：当上一项目的动画结束时启动动画。

(8) 单击"动画窗格"设置列表框右侧的箭头 ，在弹出的列表中单击**效果选项(E)...**，弹出"螺旋飞入"动画效果对话框，如图 3-6-9 所示。在效果选项卡中设置其动画音效为"风铃"，单击"确定"按钮。

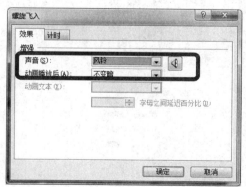

图 3-6-9　动画"效果选项"命令及其对话框

(9) 右键单击动画窗格中的该动画，在列表中选择"计时"命令，在弹出的对话框中单击"期间"右侧的倒三角，在列表中选择"快速"，设置对象动画的速度，如图 3-6-10 所示。也可以直接输入动画时间。

图 3-6-10　"计时"选项和对话框

(10) 按照上述方法，选定第二张幻灯片中的标题文本，给其添加"淡出"进入效果，设置"从上一项之后"开始动画，速度为"快速"，如图 3-6-11 所示。

图 3-6-11　设置标题文本的"淡出"动画参数

(11) 设置文本的"淡出"动画效果，在效果选项卡中，设置动画文本为"按字母"，在"计时"选项卡中设置延迟"0.5 秒"，如图 3-6-12 和图 3-6-13 所示。

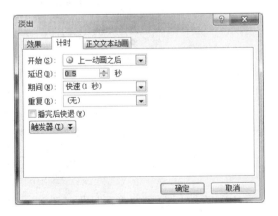

图 3-6-12　设置动画文本为"按字母"　　　图 3-6-13　设置标题文本"淡出"延迟时间

(12) 选定第二张幻灯片中的线条，添加进入效果"擦除"，设置"上一动画之后"开始动画，效果选项为"自顶部"，持续时间为"1 秒"，如图 3-6-14 所示。

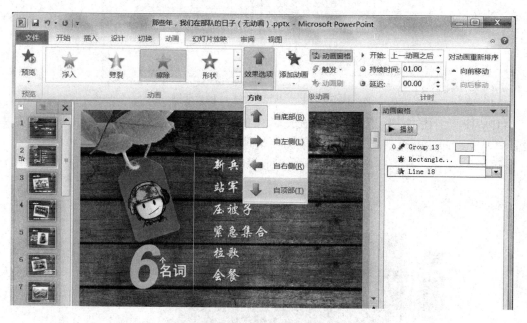

图 3-6-14　设置线条"擦除"动画效果

(13) 调整动画顺序。选定动画窗格列表中的第二个动画，单击动画窗格下方的"重新排序"右侧的下移按钮，将其移至最后。此时的动画顺序变为：先是"6 个名词"文本，然后是竖线的擦除，最后是内容文本的淡出，如图 3-6-15 所示。单击"动画窗格"中的"播放"按钮，观看所设置的动画效果。

继续对第三张幻灯片进行自定义动画，包括其中的文本、图片等元素，可尝试不同的动画效果。

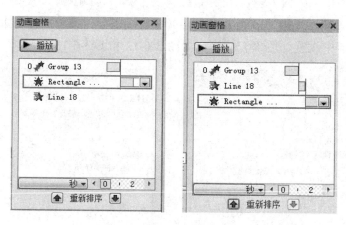

图 3-6-15　调整动画顺序

(14) 设置标题文本"新兵蛋子"进入动画为"空翻"，在"动画"选项卡的"计时"组中设置开始为"上一动画之后"，持续时间为"01.25"秒，如图 3-6-16 所示。

图 3-6-16　第三张幻灯片标题文本动画设置

(15) 设置该张幻灯片图片的进入动画为"渐变"，开始为"上一动画之后"；设置内容文本"刚入伍时..."进入动画为"挥鞭式"，"单击时"开始动画，如图 3-6-17 所示。

图 3-6-17　第三张幻灯片图片和内容文本动画设置

按照以上方法将第 4～8 张幻灯片中的元素设置动画效果。

下面对第九张幻灯片设置自定义动画。该幻灯片包含了一个标题文本和八张相互叠加的图片。

(16) 选定第九张幻灯片，按"Ctrl + A"组合键将页面中的文本及图片全部选中，添加进入动画"淡出"，设置为"上一动画之后"开始动画效果，持续时间为 1 秒，延迟为"00.75"秒，如图 3-6-18 所示，按照制作幻灯片时插入元素的顺序设置相应的动画顺序。

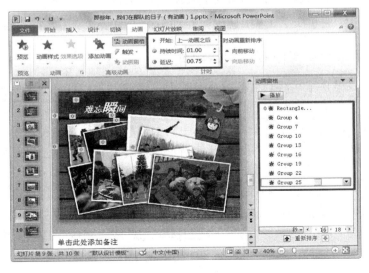

图 3-6-18　设置第九张幻灯片各元素的"进入"动画

(17) 选定第九张幻灯片，按"Ctrl + A"键将页面中的文本及图片全部选中，按住"Shift"键的同时单击标题文本，取消选择标题文本，只选择所有图片，给其添加退出动画"淡出"，设置动画的开始均为"上一动画之后"。通过鼠标拖曳动画窗格中不同图片动画效果的方式，调整图片的退出顺序为倒序退出，如图 3-6-19 所示。最终效果为图片一张张渐变出现，然后一张张渐出。

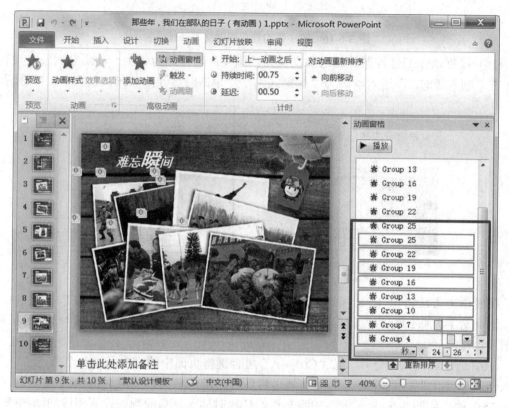

图 3-6-19　设置第九张幻灯片中各图片的"退出"动画

(18) 按"F5"键放映演示文稿，感受具有动态效果的演示文稿与静态演示文稿的差别。

二、为演示文稿设置幻灯片切换动画

幻灯片切换效果是指在演示文稿放映过程中，由前一张幻灯片向后一张幻灯片转换时所添加的特殊视觉效果，即每张幻灯片进入或离开屏幕的方式。我们既可以为每张幻灯片设置一种切换方式，也可以使整个演示文稿中的幻灯片全部使用一种切换效果。但切记切换效果不要太杂乱，如果一张幻灯片上既使用了切换效果，又设置了动画效果，那么在幻灯片放映时，会首先出现切换效果，然后出现动画效果。

下面我们将为《那些年，我们在部队的日子》演示文稿中的幻灯片设置不同的切换方式，使得演示文稿的播放更加精彩、引人入胜。

(1) 单击状态栏中的"幻灯片浏览"视图按钮 品 或"视图"选项卡中的"幻灯片浏览"按钮，切换到幻灯片浏览视图，在该视图中便于快速设置幻灯片的切换效果，如图3-6-20 所示。

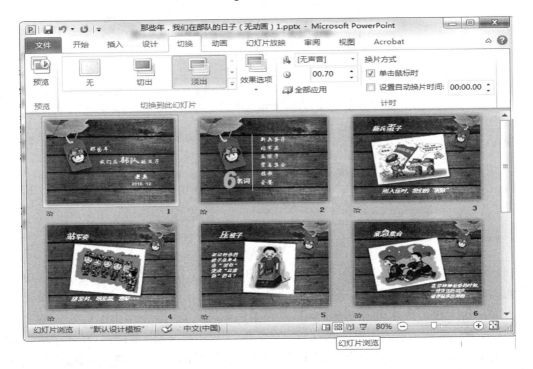

图 3-6-20　切换至"幻灯片浏览视图"

　　(2) 选中要设置切换的幻灯片，在"切换"选项卡中选择切换效果，也可以单击列表右侧的下拉按钮，在更多的切换效果中进行选择，如图 3-6-21 所示。

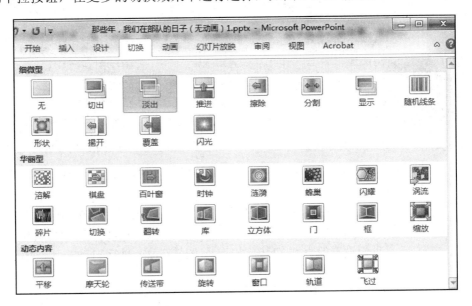

图 3-6-21　幻灯片切换效果列表

　　(3) 为选择的切换效果设置相应的属性，如"效果选项"、"声音"、"持续时间"以及"换片方式"等属性，如图 3-6-22 所示。

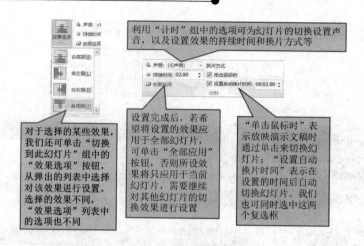

利用"计时"组中的选项可为幻灯片的切换设置声音，以及设置效果的持续时间和换片方式等

对于选择的某些效果，我们还可单击"切换到此幻灯片"组中的"效果选项"按钮，从弹出的列表中选择对该效果进行设置。选择的效果不同，"效果选项"列表中的选项也不同

设置完成后，若希望将设置的效果应用于全部幻灯片，可单击"全部应用"按钮，否则所设效果将只应用于当前幻灯片，需要继续对其他幻灯片的切换效果进行设置

"单击鼠标时"表示放映演示文稿时通过单击来切换幻灯片；"设置自动换片时间"表示在设置的时间后自动切换幻灯片。我们也可同时选中这两个复选框

图 3-6-22　切换效果属性设置

（4）我们在"幻灯片浏览视图"中分别选中幻灯片 1～10，在"切换"选项卡中为不同的幻灯片选择切换效果。也可以通过单击"切换"选项卡中的"全部应用"按钮设置全部幻灯片都应用一种切换方式，如图 3-6-23 所示。

（5）设置完演示文稿的切换方式及相应属性后，选中第 9 张幻灯片，在"切换"选项卡的"计时"组中，设置切换声音为"风铃"，持续时间为"01.60"秒，如图 3-6-24 所示。

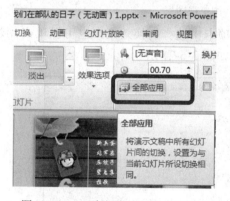

图 3-6-23　"全部应用"命令按钮

图 3-6-24　切换效果计时设置

小知识：换片方式有两种，单击鼠标时换片和经过一定时间自动换片。如何设置经过一段时间幻灯片自动换片呢？

具体方法：在"切换"选项卡的"计时"组中，单击"设置自动换片时间"复选项，在右侧的数字框中输入数值(分:秒)。当放映该片时，经过设定的秒数后会自动切换到下一张幻灯片。在这里，我们设置第九张幻灯片的换片方式为 20 秒后自动换片，如图 3-6-25 所示。

图 3-6-25　设置"换片方式"

(6) 单击屏幕左下角的"幻灯片放映"按钮 ，播放第九张幻灯片。伴随着悦耳的风铃声，这张幻灯片将慢慢展现在屏幕上，经过 20 秒后自动切换到第 10 张幻灯片。

【课堂练习】

(1) 为任务四《美丽的军营》中各个幻灯片的文本及图片元素设置动画效果。

(2) 为演示文稿《美丽的军营》设置幻灯片切换效果。

【知识扩展】

动画路径可以让幻灯片中的对象按照指定的路径进行位移，从而产生特殊的动态效果。设置动画路径的具体实现步骤如下：

(1) 在演示文稿的最后一页插入素材文件夹中的图片"叶子.png"，并将其放置于幻灯片右上角，如图 3-6-26 所示。

图 3-6-26　插入"叶子"图片

(2) 选中要设置动作路径的对象，在"动画"选项卡的"高级动画"组中单击"添加动画"按钮。在下拉列表中拖曳右侧滚动条，在"动作路径"组中选择系统设定好的动画路径，如"直线"、"弧形"等。若不满意，可以选择"其他动作路径"，会弹出"添加动作路径"对话框，如图 3-6-27 所示，在其中选择合适的路径即可。

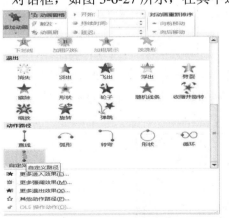

图 3-6-27　添加"动作路径"

(3) 也可以自行绘制"自定义路径"，即在列表中选择"自定义路径"即可，如图 3-6-28 所示。

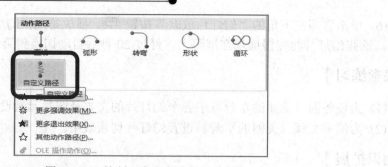

图 3-6-28　绘制"自定义路径"选项

（4）绘制路径。选择"自定义路径"后，鼠标会变成十字，从叶子图片的中心位置开始，按下鼠标左键，以拖曳的方式绘制动作路径。

结束绘制时，请执行下列操作之一：

① 如果希望结束绘制图形路径或曲线路径并使其保持开放状态，可在任何时候双击。

② 如果希望结束直线或自由曲线路径，请释放鼠标按钮。

③ 如果希望封闭某个形状，请在起点处单击。

这里我们选择绘制"自定义路径"，绘制如图 3-6-29 所示的曲线，该图为了清晰显示路径，忽略了幻灯片背景。

（5）修改路径。鼠标右键单击绘制的路径，在快捷菜单中选择"编辑顶点"，就可以通过添加、删除顶点以及调整顶点位置的方式修改绘制的路径，如图 3-6-30 所示。编辑完成，在页面空白处单击鼠标左键即可。

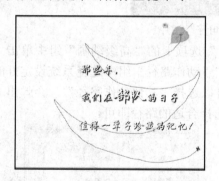

图 3-6-29　绘制"自由曲线"动作路径

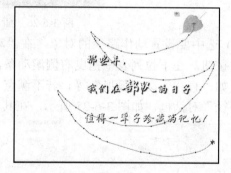

图 3-6-30　编辑路径顶点

（6）设置路径动画属性。将该路径的动画开始设置为"上一动画之后"，持续时间设置为"15.00"秒，如图 3-6-31 所示。

图 3-6-31　设置"自定义路径"动画

(7) 为了使树叶的飘落动画更加逼真，可以给叶子图片添加一个强调动画"陀螺旋"。设置该动画开始为"与上一动画同时"，持续时间为"15.00"秒。按"Shift + F5"键可以直接放映该幻灯片。

任务七 发布和打印《那些年，我们在部队的日子》演示文稿

【学习目标】

(1) 掌握如何设置演示文稿的放映方式。

(2) 掌握在演示文稿播放过程中灵活控制进程及自定义放映的方法。

(3) 掌握打印及打包演示文稿等操作。

【相关知识】

放映：将制作好的演示文稿进行整体演示。这样可以检验幻灯片内容是否准确和完整，内容显示是否清楚，动画效果是否达到预期的目的等。放映是演示文稿制作过程当中非常重要的一环。

演示文稿输出：在制作完成后，需要将其进行输出，输出方式主要有打包成 CD 和文稿打印两种。

【任务说明】

制作完成的演示文稿，不仅可以在电脑上播放，而且可以通过投影仪在大屏幕上展示给更多的人看。根据播放地点、观看对象和播放设备的不同，可以采用不同的放映方式，并且在播放过程中可以根据需要自由控制播放进程。演示文稿还可以按幻灯片、讲义等打印出来，使演讲者准备得更加充分。还可以打包演示文稿，使演示文稿在其他未安装 PowerPoint 或 PowerPoint 播放器的计算机上也能播放。

【任务实施】

一、设置放映方式

1. 设置演示文稿的放映方式为"演讲者放映"

演讲者一边讲解，一边放映幻灯片，称为演讲者放映。这时演讲者可以完全控制幻灯片的放映过程，一般用于专题讲座、会议发言等。具体设置步骤如下：

(1) 打开《那些年，我们在部队的日子》演示文稿。

(2) 单击"幻灯片放映"选项卡"设置"组中的"设置幻灯片放映"命令按钮，打开"设置放映方式"对话框，如图 3-7-1 所示。

(3) 在"放映类型"栏中，选中"演讲者放映(全屏幕)"单选按钮，为演示文稿选择该放映方式。

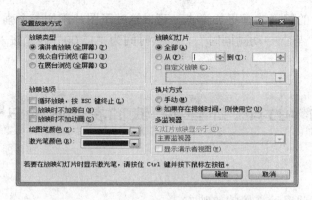

图 3-7-1 "设置放映方式"对话框

如果选中☑循环放映，按 ESC 键终止(L)复选项，则在播放完演示文稿最后一张幻灯片后，会自动返回第一张幻灯片继续播放，直到按"Esc"键结束放映。

如果选中☑放映时不加旁白(N)，则在放映时不播放幻灯片中录制的旁白。

如果选中☑放映时不加动画(S)，则在放映时不播放幻灯片中设置的动画效果(但插入的Flash 动画或影片可以播放)。

(4) 在"放映幻灯片"栏中选中◉全部(A)单选项，在放映时会播放演示文稿中的所有幻灯片。

如果只播放演示文稿中的部分幻灯片，可选中◉从(F): 1 到(T): 10 并输入幻灯片的起始页码和终止页码，例如，◉从(F): 2 到(T): 7，则放映演示文稿时就只播放第 2～7 张幻灯片。

(5) 选择"换片方式"为◉手动(M)。

如果选中◉手动(M)单选项，则在放映演示文稿的过程中必须单击鼠标才能切换幻灯片。

如果选中◉如果存在排练时间，则使用它(U)，则在放映演示文稿时幻灯片会按照预先设定的排练时间自动切换。

(6) 单击"确定"，完成对《那些年，我们在部队的日子》演示文稿设置放映方式的操作。

2. 设置放映方式为"观众自行浏览"，并且只播放前 8 张幻灯片

"观众自行浏览"方式是观众自己使用计算机在标准窗口中观看演示文稿，并可在放映时执行移动、复制、编辑、打印幻灯片等操作。

(1) 打开《那些年，我们在部队的日子》演示文稿。

(2) 打开"设置放映方式"对话框。

(3) 在"放映类型"栏中选中◉观众自行浏览(窗口)(B)单选项，由于我们想让幻灯片放映时播放设置的声音和动画，因此不要选中"放映时不加旁白"和"放映时不加动画"复选框。

(4) 在"放映幻灯片"栏中的◉从(F): 1 到(T): 8 设置放映幻灯片的起始位置和终止位置。

(5) 选择"换片方式"为◉手动(M)。

(6) 单击"确定"，完成放映方式的设置。

(7) 放映演示文稿，比较这种方式和演讲者放映方式的异同。

采用观众自行浏览时，幻灯片是在 PowerPoint 窗口中放映，而不是全屏播放。观众可以使用窗口中的命令或按钮，进行一些需要的操作，比如可以通过拖动窗口右侧的滚动块来实现幻灯片的切换，如图 3-7-2 所示。

图 3-7-2　观众自行浏览窗口

(8) 单击"文件"菜单中的"结束放映"即结束演示文稿放映，返回到幻灯片编辑状态。

小知识："在展台浏览"的放映方式是在无人看管的情况下，让演示文稿自动放映，不需要演讲者在旁边讲解，一般用于展览会或公共场所的产品展示、情况介绍等。在这种放映方式下，观众可以单击超链接和动作按钮，但不能更改演示文稿。在任何时候敲"Esc"键，都会中断放映，返回幻灯片浏览视图。自动放映的演示文稿在放映结束后，如果 5 分钟内没有操作指令，会重新开始放映。

二、播放演示文稿的常用操作

在演示文稿播放过程中，使用系统提供的快捷菜单可非常方便地控制幻灯片的播放过程，并能在幻灯片上书写与绘画。

1. 控制演示文稿放映进程

放映过程中通过单击鼠标或单击鼠标右键弹出的快捷菜单中的"下一张"、"上一张"命令，可向前或向后放映幻灯片，还可以利用快捷键来控制放映进程。常用快捷键见表 3-7-1。

表 3-7-1　常用快捷键

快 捷 键	主 要 功 能
F5	从第一页开始播放幻灯片
Shift + F5	从当前页开始播放幻灯片
Home	切换到第一张幻灯片
End	切换到最后一张幻灯片
Esc	结束演示文稿的放映
PageDown 或空格键	切换到下一张幻灯片
PageUp 或 P 键	切换到上一张幻灯片

如何在放映时定位到某一张幻灯片呢？在放映过程中单击鼠标右键，在弹出的快捷菜

单中选择"定位至幻灯片"，在子菜单中定位具体幻灯片即可，如图 3-7-3 所示。

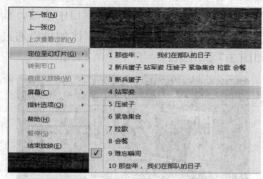

图 3-7-3　"定位至幻灯片"命令

2．在放映时写字、绘画及清除笔迹

在幻灯片放映过程中可以自由绘制线条和图形作为强调某点的注释。

（1）在幻灯片放映视图中，单击鼠标右键弹出播放控制快捷菜单，选择"指针选项"，在子菜单中选择"箭头"、"荧光笔"等命令之一，指针变成画笔形状，如图 3-7-4 所示。按住鼠标左键拖动，就可以利用画笔在放映的幻灯片上做记号或进行标注，如图 3-7-5 所示。

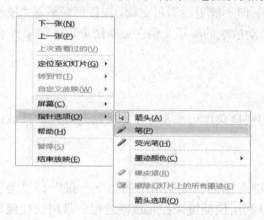

图 3-7-4　指针选项

图 3-7-5　用画笔在放映时进行标注

还可以根据情况选择不同的画笔颜色，如图 3-7-6 所示。

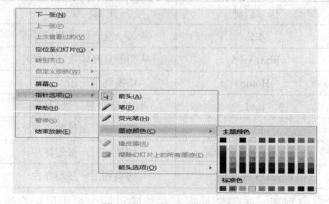

图 3-7-6　设置画笔颜色

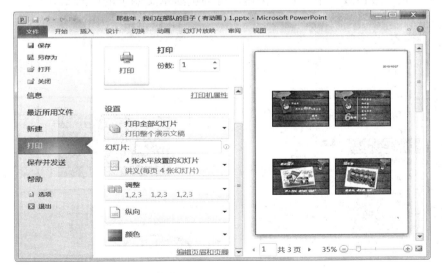

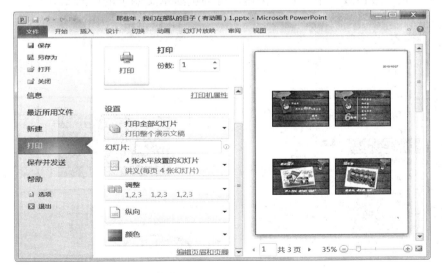

(2) 在幻灯片中进行书写或绘画后，单击鼠标右键，在快捷菜单中选择"指针选项"中的"橡皮擦"或"擦除幻灯片上的所有墨迹"即可擦除笔迹，如图 3-7-7 所示。

(3) 当要结束书写或绘制时，单击鼠标右键，在快捷菜单中选择"指针选项"中的"箭头"命令，如图 3-7-8 所示。鼠标指针恢复原来的形状，又可以用它来控制幻灯片的播放进程。

图 3-7-7　擦除笔迹命令

图 3-7-8　恢复鼠标指针形状选项

三、打印演示文稿

演示文稿制作完成后，用户可将该文稿进行打印。只要机子上装有打印机或者有网络共享打印机，即可轻松实现演示文稿的打印。

1．打印预览

单击快速访问工具栏上的"打印预览"按钮，或者单击"文件"菜单中的"打印"命令，在后台界面会出现打印设置、预览窗口，该界面右侧的预览窗口中显示的就是幻灯片打印在纸上的样子，如图 3-7-9 所示。

图 3-7-9　设置每页打印幻灯片数目

如果对页面设置不满意，可进行如下的页面设置。

2. 页面设置

设置打印页面主要包括设置幻灯片、讲义、备注页以及大纲在屏幕和打印纸上的尺寸、方向和位置。

(1) 单击"设计"选项卡中的"页面设置"命令按钮，打开"页面设置"对话框，如图 3-7-10 所示。

(2) 在"页面设置"对话框中，单击"幻灯片大小"下面的列表框，在弹出的列表中选择幻灯片打印的尺寸，或是选择"自定义"，然后在下面的"宽度"、"高度"框中输入数值，设置幻灯片的大小。在此选择"A4 纸张"，如图 3-7-11 所示。

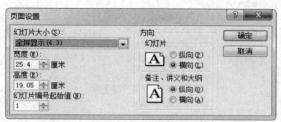
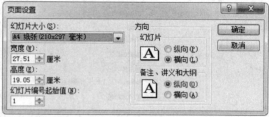

图 3-7-10 "页面设置"对话框   图 3-7-11 设置"幻灯片大小"

(3) 单击"确定"按钮，完成页面大小设置。

3. 打印设置

当一份演示文稿制作完成后，有时候需要为观众提供书面讲义(讲义内容就是演示文稿中的幻灯片内容，通常在一页讲义纸上可以打印两张、三张或六张幻灯片)，或为演讲者打印演示文稿的大纲以及备注等。

(1) 打开要进行打印操作的演示文稿，然后单击"文件"选项卡，在展开的界面中单击左侧的"打印"项，进入如图 3-7-12 所示打印界面。在该界面右侧可预览打印效果，其中单击"上一页"按钮或"下一页"按钮，可预览演示文稿中的所有幻灯片。

图 3-7-12 打印设置界面

(2) 在打印界面的中间可设置打印选项。其中，在"份数"编辑框中可设置要打印的份数；当本地计算机安装了多台打印机后，可单击"打印机"设置区下方的三角按钮，在展开的列表中选择要使用的打印机。

单击"设置"区"打印全部幻灯片"右侧的三角按钮，在展开的列表中可选择要打印的幻灯片，如全部幻灯片、部分幻灯片或自定义幻灯片的打印范围，如图 3-7-13 所示。

单击"设置"区"整页幻灯片"右侧的三角按钮，在展开的列表中可选择是打印幻灯片、讲义还是备注，如图 3-7-14 所示。

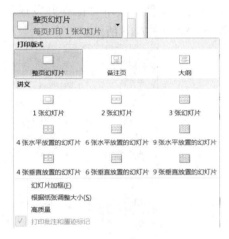

图 3-7-13　打印范围下拉列表　　　　　图 3-7-14　打印版式设置

整页幻灯片：像屏幕上显示的一样打印幻灯片，每页纸打印一张幻灯片。

备注页：用于打印与"打印范围"中所选择的幻灯片编号相对应的演讲者备注。

大纲：打印演示文稿的大纲，即将大纲视图的内容打印出来。

讲义：将演示文稿中的幻灯片打印为书面讲义。通常一页 A4 纸打印 3 张或 4 张幻灯片比较合适；为了增强讲义的打印效果，最好选中"打印"对话框底部的"幻灯片加框"复选项，这样能为打印出的幻灯片加上一个黑色的边框。

在"调整"下拉列表中可选择页序的排列方式。当选择打印备注页或讲义时，还可选择"横向"还是"纵向"打印。单击"颜色"右侧的三角按钮，在展开的列表中可选择是以彩色、灰度还是黑白进行打印。设置完毕，单击"打印"按钮，即可按设置打印幻灯片，如图 3-7-15 所示。

图 3-7-15　打印方向和颜色设置

四、打包《那些年，我们在部队的日子》演示文稿

PPT 的打包功能是很实用的，在没有安装 PPT 和 Flash 的电脑上，利用 PPT 打包也能播放幻灯片。如果有 CD 刻录硬件设备，则"打包成 CD"功能可将演示文稿复制到空白的可写入 CD 中，用户也可使用"打包成 CD"功能将演示文稿复制到计算机上的文件夹、某个网络位置或者(如果不包含播放器)U 盘中。

(1) 打开《那些年，我们在部队的日子》演示文稿。

(2) 单击"文件"菜单"保存并发送"命令，在文件类型中双击"将演示文稿打包成 CD"命令，如图 3-7-16 所示。

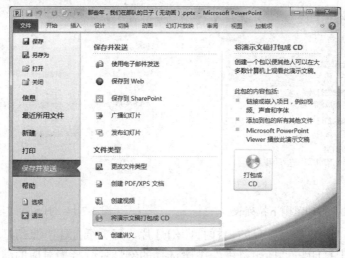

图 3-7-16　"将演示文稿打包成 CD"命令

(3) 在弹出的"打包成 CD"对话框中，为 CD 命名，并可以添加和删除演示文稿，此时，对话框中将出现刚才添加的文件，如图 3-6-17 所示。

(4) 单击"复制到文件夹"按钮，会弹出"复制到文件夹"对话框。设定文件夹的名称及文件存放路径，然后单击"确定"进行打包，如图 3-7-18 所示。

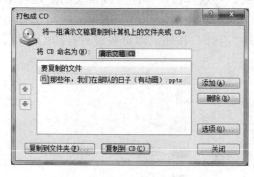

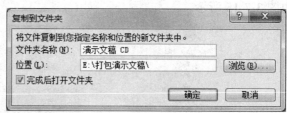

图 3-7-17　打包成 CD 对话框　　　　　图 3-7-18　"复制到文件夹"对话框

(5) 等待打包完成，然后会在指定路径生成一个文件夹，其中包含 AUTORUN. INF 自动运行文件，如果我们是打包到光盘上的话，它是具备自动播放功能的，如图 3-7-19 所示。

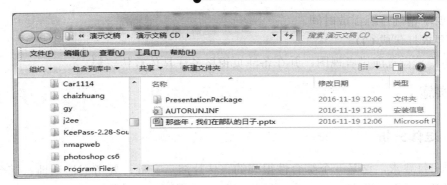

图 3-7-19　打包后生成的文件夹

【课堂练习】

(1) 设置《美丽的军营》演示文稿的放映方式为"演讲者放映"。

(2) 在放映过程中进行幻灯片切换、文字书写和绘画等操作。

(3) 打印演示文稿的讲义，设置每页 4 张幻灯片。

(4) 将演示文稿打包到文件夹"美丽的军营"，放在 D 盘根目录下。

任务八　制作《西安·旅游》综合实训演示文稿

【学习目标】

(1) 掌握制作完整演示文稿的方法步骤。

(2) 领会演示文稿的总体分析、设计规划及实现步骤等不同创作过程的特点。

【任务说明】

制作一个用于宣传和推广西安形象的电子宣传片，主题是"西安·旅游"，以介绍西安的历史人文、地理环境、旅游资源、特色美食为主线，整理相关文字信息，并穿插相关音乐、图片、图表、SmartArt 和视频等极具视觉冲击力的多媒体信息，以及炫酷的动画效果，烘托宣传主题的影响力。

具体要求如下：

(1) 幻灯片不得少于 30 张，每张幻灯片上的文字不得超过 10 行。

(2) 文稿的第一页和最后一页必须制作一个封面和尾页，标题文字要求用艺术字，页面有图片装饰。

(3) 可以使用系统提供的主题设计模板，但必须添加自己的模板设计元素，也可以完全自己原创，并将模板文件保存下来。

(4) 演示文稿中的文字必须使用项目符号或编号，层次不得少于两级。

(5) 文稿中的文本、图、表等对象必须使用动画处理过。

(6) 根据题材选择，在幻灯片中添加切合主题的音乐、Flash 动画和电影视频。

(7) 幻灯片之间必须设置过渡切换效果。

(8) 要求精确排练播放时间。

(9) 要求打包成 CD。

(10) 要求设置演讲者视图，并在备注页窗格备注具体宣传资料。

【任务实施】

一、总体分析

根据题目要求，这是一个综合性很强的宣传片演示文稿，要考虑恰当地、综合地应用文本、图形、图像、图表、SmartArt 图、音频及视频等多种媒体，以充分表现想要展示的主题。文字编排的条理性、整体一致性，母版版式的统一协调性，图、表的精致设置和处理，以及动态效果的恰当应用也非常重要。

PowerPoint 演示文稿是一种面向受众的多媒体表述形式。因此，在围绕主题组织上述素材的基础上，还需要注意界面布局及演讲者操作控制方式等的综合设计。

本案例第一节中是关于西安人文地理方面的介绍，各幻灯片页中有较多介绍性的文字，需要突出文字主题，因此图片等的运用不宜太多、太杂，以防喧宾夺主。案例第二节是关于西安在旅游方面的景点及美食信息的展示，因此适宜用图像、图形、图表、SmartArt 图、动画及视频来表现。

关于西安人文地理的介绍内容可以从网络上收集，但是，从网络上收集来的题材文字通常杂乱而无层次，所以，需要事先在 Word 文档中做一个筛选整理，并进行文本级别的正确调整。

关于西安旅游方面各类信息的展示，需要大量的景点图像、准确的报表数据、适宜的视频和恰如其分的背景音乐，这些都需要事先从网上多加收集、精心筛选，并整理保存，便于后期调用。

素材准备齐全后，可以认真规划，初步确定需要几张幻灯片，各幻灯片之间的层次关系，以及每张幻灯片的大体内容。

二、设计规划

(1)《西安·旅游》幻灯片的总体内容分布情况：

第一张幻灯片：封面；

第二张幻灯片：专题介绍内容导航(与网站中的首页导航功能类似)；

从第三张幻灯片开始，相继后续若干张幻灯片，是对第二张导航幻灯片中两个主题内容展开的介绍。

最后一张幻灯片用于致谢或显示与主题相关的宣传标语。

由于专题介绍涉及内容很多，因此在导航主题下又分成两个二级主题，本案例幻灯片具体内容分布与关联示意图如图 3-8-1 所示。

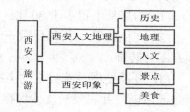

图 3-8-1 本案例的幻灯片具体内容分布与关联示意图

(2) 本案例的特点是信息量大、涉及的媒体元素多，如何更好地将主题展示给观众而不使观看者有审美疲劳，是一个需要重点考虑的问题。

(3) 为更好地实现人机交互，各幻灯片之间采用了超链接的方式进行处理，并能通过动作按钮返回调用幻灯片中。

(4) 本案例的实现步骤如图 3-8-2 所示。

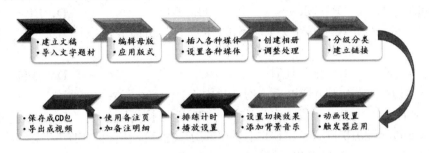

图 3-8-2　本案例的实现步骤示意图

【课堂练习】

制作一个自我介绍的演示文稿，该演示文稿至少应包含个人简介、家乡介绍、兴趣爱好、能力与特长、自我评价等信息。围绕个人情况整理相关文字信息，并添加所需的图片、图表、SmartArt、音频和视频等极具视觉影响力的多媒体信息，制作合理且炫酷的动画效果，提升自我介绍演示文稿的感染力，给观众留下深刻且良好的印象。

具体要求如下：

(1) 幻灯片不得超过 15 张，每张幻灯片上的文字不得超过 10 行。

(2) 文稿的第一页和最后一页必须制作一个封面和尾页，标题文字要求用艺术字，页面有图片装饰。

(3) 可以使用系统提供的主题设计模板，但必须添加自己的模板设计元素，也可以完全自己原创，并将模板文件保存下来。

(4) 演示文稿中的文字必须使用项目符号或编号，层次不得少于两级。

(5) 文稿中的文本、图、表等对象必须使用动画处理过。

(6) 根据题材选择，在幻灯片中添加切合主题的音乐、Flash 动画和电影视频。

(7) 幻灯片之间必须设置过渡切换效果。

(8) 要求精确排练播放时间，控制演讲时间在 3 分钟左右。

习　题

一、选择题

1．放映幻灯片时，要对幻灯片的放映具有完整的控制权，应使用(　　)。

A．演讲者放映　　B．观众自行浏览　　C．展台浏览　　　　D．重置背景

2．在 PowerPoint 2010 中，不属于文本占位符的是(　　)

A．标题　　　　　　B．副标题　　　　　　C．普通文本　　　　　D．图表

3．下列(　　)属于演示文稿的扩展名。

A．opx　　　　　　B．pptx　　　　　　C．dwg　　　　　　D．jpg

4．选中图形对象时，如选择多个图形，需要按下(　　)键，再用鼠标单击要选中的图形。

A．Shift　　　　　　B．Alt　　　　　　C．Tab　　　　　　D．F1

5．如果要求幻灯片能够在无人操作的环境下自动播放，应该事先对演示文稿进行(　　)。

A．自动播放　　　　B．排练计时　　　　C．存盘　　　　　D．打包

6．在幻灯片中插入了声音以后，幻灯片中将会出现(　　)。

A．喇叭标记　　　　B．一段文字说明　　C．超链接说明　　　D．超链接按钮

7．PowerPoint 2010 将演示文稿保存为"演示文稿设计模板"时的扩展名是(　　)。

A．POTX　　　　　　B．PPTX　　　　　C．PPS　　　　　　D．PPA

8．若要使一张图片出现在每一张幻灯片中，则需要将此图片插入到(　　)中。

A．文本框　　　　　B．幻灯片母版　　　C．标题幻灯片　　　D．备注页

9．幻灯片布局中的虚线框是(　　)。

A．占位符　　　　　B．图文框　　　　　C．文本框　　　　　D．表格

10．保存演示文稿的快捷键是(　　)。

A．Ctrl + O　　　　B．Ctrl + S　　　　C．Ctrl + A　　　　D．Ctrl + D

11．演示文稿与幻灯片的关系是(　　)。

A．演示文稿和幻灯片是同一个对象　　B．幻灯片由若干个演示文稿组成

C．演示文稿由若干个幻灯片组成　　　D．演示文稿和幻灯片没有联系

12．"背景"组在功能区的(　　)选项卡中。

A．开始　　　　　　B．插入　　　　　　C．设计　　　　　　D．动画

13．"主题"组在功能区的(　　)选项卡中。

A．开始　　　　　　B．设计　　　　　　C．插入　　　　　　D．动画

14．PowerPoint 2010 的主要功能是(　　)。

A．电子演示文稿处理　　　　　　　　　B．声音处理

C．图像处理　　　　　　　　　　　　　D．文字处理

15．在 PowerPoint 2010 中，"设计"选项卡可自定义演示文稿的(　　)。

A．新文件、打开文件　　　　　　　　　B．表、形状与图标

C．背景、主题设计和颜色　　　　　　　D．动画设计与页面设计

16．按(　　)键可以启动幻灯片放映。

A．Enter　　　　　　B．F5　　　　　　C．F6　　　　　　D．空格

17．PowerPoint 中，下列说法错误的是(　　)。

A．可以利用自动版式建立带剪贴画的幻灯片，用来插入剪贴画

B．可以向已存在的幻灯片中插入剪贴画

C．可以修改剪贴画

D．不可以将剪贴画改变颜色

18．在 PowerPoint 2010 中，要同时选择第 1、2、5 三张幻灯片，应该在( )视图下操作。

A．普通　　　　　B．大纲　　　　　C．幻灯片浏览　　　　D．备注

19．要进行幻灯片页面设置、主题选择，可以在( )选项卡中操作。

A．开始　　　　　B．插入　　　　　C．视图　　　　　　　D．设计

20．下列视图中不属于 PowerPoint 2010 视图的是( )。

A．幻灯片视图　　B．页面视图　　　C．大纲视图　　　　　D．备注页视图

二、填空题

1．启动 PowerPoint 2010 后，系统默认会创建一个名为"＿＿＿＿＿＿＿＿"的空白演示文稿。

2．PowerPoint 的普通视图可同时显示＿＿＿＿＿＿、大纲和备注，而这些所在的窗格都可调整大小，以便可以看到所有的内容。

3．统一演示文稿各种格式的特殊幻灯片称为＿＿＿＿＿＿＿。

4．在普通视图下，选择一张幻灯片，按＿＿＿＿＿键，即可在当前幻灯片之后插入一张新幻灯片。

5．演示文稿中的幻灯片将以窗口大小方式显示，仅显示标题栏、阅读区和状态栏，此视图方式为＿＿＿＿＿＿。

三、判断题

1．在幻灯片放映过程中各个页面之间的切换只能用鼠标控制。( )

2．换名另存幻灯片文件，可以使原幻灯片文件不被覆盖。( )

3．双击以扩展名"*.PPT"结尾的文件，可以启动 PowerPoint 应用程序。( )

4．在对幻灯片进行排练计时时，不能更改前面已排练好了的时间又全部重新排练。( )

5．当演示文稿按自动放映方式播放时，按 Esc 键可以中止播放，也可以单击鼠标右键在快捷菜单中选择结束放映。( )

参 考 文 献

[1] 冯寿鹏. 计算机信息技术基础[M]. 西安：西安电子科技大学出版社，2014.

[2] 冯寿鹏. 实用办公软件[M]. 西安：西安电子科技大学出版社，2014.

[3] 兰顺碧. 大学计算机基础[M]. 北京：人民邮电出版社，2012.

[4] 黄良永. 办公软件 Office 高级应用教程(项目式)[M]. 北京：人民邮电出版社，2011.

[5] 杨兰芳. 大学计算机应用基础[M]. 北京：北京邮电大学出版社，2013.

[6] 甘勇. 大学计算机基础实践教程[M]. 北京：人民邮电出版社，2009.

[7] 朱世波. 边学边用 Office 办公软件[M]. 北京：人民邮电出版社，2010.

[8] 孙海伦. 办公软件应用教程[M]. 北京：人民邮电出版社，2010.